3days in
Tokyo

도쿄

CONTENTS

DAY ONE

도쿄의 과거와 현재를 만나다

DAY TWO

일본의 독특한 매력에 풍덩 빠지다

DAY THREE
도쿄의 여유로움을 배우다

DAY PLUS
도쿄를 조금 더 즐기고 싶다면

국명 **일본 日本**

아시아 대륙 동쪽에 홋카이도, 혼슈, 시코쿠, 규슈 4개의 큰 섬을 중심으로 북동에서 남서 방향으로 이어지는 섬나라. 일본어로 닛폰 にっぽん 혹은 니혼 にほん이라 읽는다.

언어 **일본어**

한자, 히라가나, 가타카나를 병용한다. 일반적으로 히라가나를 쓰지만 외래어나 한자어는 가타카나로 표기한다.

국기 **일장기 日章旗**

명칭은 닛쇼키 日章旗지만 일반적으로 히노마루노하타 日の丸の旗, 줄여서 히노마루日の丸라고 부른다. 흰 바탕에 해를 상징하는 붉은 동그라미가 있다.

면적 **2,190km²**

일본의 전체 면적은 377,930㎢이며 수도인 도쿄의 면적은 2,190㎢로 서울의 약 3.6배다.

도시명 **도쿄 東京**

일본의 수도. 간토지방 남부에 도쿄만과 면하여 있는 도시로 일본의 정치, 문화, 경제, 공업, 교통의 중심지다.

통화 엔(¥)

지폐는 1만 엔, 5,000엔, 1,000엔 3종류가 통용되며 동전은 500엔, 100엔, 50엔, 10엔, 5엔, 1엔까지 6종류가 있다. 2,000엔짜리 지폐도 있지만 도쿄에서는 거의 사용하지 않는다.

거리 1,150km(서울~도쿄)

인천 · 김포공항 출발 기준 약 2시간 정도 소요된다. 한국과 같은 동경 135도(GMT+9) 표준시를 사용해 시차가 없으며 해가 비교적 빨리 뜨고 진다.

비자 & 여권 무비자

한국 여권 소지자는 단순 여행 목적의 경우 비자가 필요하지 않으며 최대 90일까지 무비자로 체류할 수 있다.

전압 110V

한국과 달리 110V를 사용하기 때문에 11자 형 어댑터, 일명 '돼지코'가 필요하다. 멀티탭을 따로 준비하면 어댑터는 1개만 챙겨도 된다.

와이파이 보통

와이파이 보급은 잘 되어 있는 편이나 다소 느리고 사용제한도 까다로워 여행 중에는 포켓 와이파이를 대여하는 방법이 일반적이다.

종교 신도 神道

토착 신앙인 신도 神道가 가장 넓고 깊게 자리 잡고 있다. 일본 사람들은 생활 관습으로서 신도와 불교를 받아들일 뿐 종교로 여기지 않는다.

교통 전철 중심

JR을 중심으로 각종 지하철과 전철 노선이 도심을 거미줄처럼 연결한다. 도시 간 이동 시에도 전철을 이용하지만 도시 내에서는 버스를 타기도 한다.

2
도쿄 한눈에 보기

 미타카·키치조지

지브리 미술관, 이노카시라 공원, 키치조지의 쇼핑 거리를 함께 둘러볼 수 있는 인기 근교 여행지

 신주쿠

도쿄를 대표하는 교통의 중심지이자 대형몰이 모여 있는 쇼핑의 메카. 밤이 되면 신나는 유흥가로 변신

츠타야 서점으로 대표되는 트렌디한 여행지. 20~30대 여성들이 좋아하는 쇼핑 스폿과 맛집이 많다.

다이칸야마

나카메구로

에비스

도쿄의 봄을 수놓는 아름다운 강변 산책. 메구로가와 주변으로 개성 넘치는 카페, 잡화점이 모여 있다.

 지유가오카

개성 넘치는 잡화점과 디저트 카페로 가득한 자유의 언덕. 여유롭게 산책하며 쇼핑을 즐기기에 좋다.

도쿄 스카이트리

도쿄타워를 뛰어넘는 일본 최고의 전망 스폿. 미래의 커뮤니티를 체험해볼 수 있는 핫스폿도 많다.

아사쿠사

역사와 전통을 간직한 도쿄 서민 문화의 중심지. 다양한 상점이 늘어선 나카미세도리는 필수 코스

마루노우치
(도쿄역)

도쿄의 과거와 현재를 만나는 일본 경제 · 정치의 중심. 왕궁 정원 산책과 쇼핑을 함께 즐길 수 있다.

오다이바

모노레일 타고 즐기는 재미있는 테마 여행. 볼거리, 쇼핑몰, 맛집이 줄줄이 모여 있어 지루할 틈이 없다.

에비스 가든플레이스타워에서 바라보는 도쿄의 아름다운 야경과 시원한 맥주 한 잔의 환상적인 콜라보

3
도쿄 언제 가면 좋을까?

봄

아침저녁으로 제법 쌀쌀하지만, 낮에는 쾌적하게 다닐 만하다. 긴소매 봄옷과 함께 얇은 점퍼나 카디건 등 위에 걸칠 옷을 가져가는 게 좋다. 단, 5월부터는 우리나라 초여름만큼 더운 날씨가 시작되므로, 반팔 티셔츠는 필수. 3월 중순부터는 벚꽃 개화 시즌이므로 스미다가와, 나카메구로 등 각지의 벚꽃 명소에서 아름다운 꽃놀이를 즐길 수 있다.

여름

우리나라의 여름보다 더 무더운 날씨. 항구 도시라 습도도 엄청나게 높은 편이다. 반바지, 반팔 티셔츠는 기본이고 땀이 빨리 마르는 기능성 셔츠도 준비하는 것이 좋다. 자외선 지수도 높고 비가 오는 날이 많으므로 우산은 필수. 7월 강수량이 비교적 적은 편이기 때문에 더위만 잘 참을 수 있다면 맑은 하늘을 바라보며 여행을 즐길 수 있다.

가을

평균 17℃ 전후의 쾌적한 기온, 맑은 날씨. 즐거운 여행을 위한 최적의 조건을 갖추고 있는 계절이다. 반팔 티셔츠를 기본으로 점퍼나 얇은 코트 정도를 준비하면 된다. 그리고 10월까지는 태풍이 올 수도 있으니 접는 우산은 기본적으로 챙기는 것이 좋다. 10월 말부터는 단풍 시즌이 시작되므로, 관심이 있다면 일정을 맞추도록 하자.

겨울

우리나라의 늦가을~ 초겨울 수준의 날씨라 두툼한 니트와 패딩 점퍼만 있으면 문제없다. 추위를 많이 타는 사람이라면 얇은 긴소매 옷을 여러 벌 챙기거나, 모자, 머플러 등 간단한 방한 용품을 추가로 준비할 것. 겨울은 강수량이 가장 적은 시기이므로 추위만 타지 않는다면 맑은 날씨를 누리며 여행을 즐길 가능성이 높아진다.

4
공항에서 시내로 가는 방법

나리타 국제공항 ➜ 도쿄

실속파 여행자를 위한
케이세이 전철

나리타공항역

약 70분 ↓ 1,030엔

케이세이 우에노역

빠르고 편하게 여행을 시작하고 싶다면
스카이라이너

나리타공항역

약 50분 ↓ 2,470엔

케이세이 우에노역

환승 없이 도심까지 한방에
나리타익스프레스

나리타공항역

약 80분 ↓ 3,190엔

JR 신주쿠역

도쿄역까지 공항버스가 1000엔!!
도쿄 셔틀 & 액세스 나리타

나리타 국제공항 터미널

약 80분 ↓ 1,000엔

도쿄역

하네다 국제공항 ➜ 도쿄

놀이기구 같은 공항교통
도쿄 모노레일

하네다공항 국제선터미널역

약 16분 ↓ 490엔

하마마츠초역

공항에서 시내까지 빠르고 저렴하게
케이큐 전철

하네다공항 국제선터미널역

약 15분 ↓ 410엔

시나가와역

5

도쿄 시내교통

JR

도쿄를 여행할 때 가장 많이 이용하는 교통수단. 도쿄 시내와 근교를 다니는 JR 노선은 10개가 넘지만 자주 이용하는 노선은 야마노테센 山手線과 추오 · 소부센 中央 · 総武線, 추오센 中央線이다. 이 3개의 노선만 알아도 큰 문제없이 다닐 수 있다.

야마노테센

서울의 지하철 2호선처럼 도쿄 시내를 순환하는 노선이며, 연두색으로 표시한다. 전체 역 수는 29개, 총 연장 거리는 34.5km에 달한다. 도쿄역, 아키하바라역, 우에노역, 이케부쿠로역, 신주쿠역, 시부야역, 하라주쿠역, 에비스역, 시나가와역, 신바시역, 유라쿠초역 등 도쿄 시내의 주요 명소 대부분을 커버하는 그야말로 도쿄의 국민 노선이라 할 수 있다.

JR 추오 · 소부센

도쿄 시내를 동서로 가로지르는 노선이며, 노란색으로 표시한다. 정식 명칭은 오차노미즈역을 기점으로 서쪽 방면은 추오센, 동쪽 방면은 소부센이지만 일반적으로 구분해서 쓰지 않고 추오 · 소부센이라 부르고 있다. 도쿄 시내에서 신주쿠역이나 아키하바라역에서 도쿄 돔 시티가 있는 스이도바시역이나 카구라자카가 있는 이다바시역으로 갈 때 이용한다.

JR 추오센

도쿄 시내를 동서로 가로지르는 노선이며, 주황색으로 표시한다. 미타카역까지 추오 · 소부센과 같은 선로를 쾌속운행하기 때문에 도쿄역이나 신주쿠역에서 지브리 미술관이 있는 미타카역이나 키치조지역으로 갈 때 이용하면 편리하다. 또한, 도쿄역 주변에서 신주쿠역 주변을 오갈 때 야마노테센을 이용하는 것보다 추오센을 이용하는 것이 훨씬 더 빠르다.

지하철

도쿄의 지하철은 총 13개 노선. 이들 노선은 민간회사인 도쿄메트로와 도쿄도 교통국에서 운영하는 토에이 지하철로 구분되는데, 여행자 입장에서는 굳이 구분해서 생각할 필요는 없다. 다만, 운영 회사가 다르기 때문에 도쿄메트로 노선에서 토에이 지하철 노선으로 환승할 때는 새로 표를 구입해야 한다.

도쿄메트로

도쿄 지하철주식회사가 운영하는 지하철로, 총 9개의 노선이 있다. JR만 이용해도 웬만한 곳은 모두 갈 수 있기 때문에 지하철을 탈 일이 많지는 않지만 롯폰기, 아사쿠사, 진보초 등 지역에 따라 훨씬 가까운 곳에 역이 있는 경우도 많아 일단 익숙해지기만 하면 지하철을 이용하는 것이 더 편리할 수도 있다.

도쿄메트로의 주요 노선

- 🔵 **히비야센 日比谷線** : 에비스역, 롯폰기역, 긴자역, 츠키지역, 아키하바라역, 우에노역
- 🟠 **긴자센 銀座線** : 시부야역, 오모테산도역, 신바시역, 긴자역, 우에노역, 아사쿠사역
- ⚫ **마루노우치센 丸ノ内線** : 신주쿠역, 긴자역, 도쿄역, 오차노미즈역, 이케부쿠로역
- 🟡 **유라쿠초센 有楽町線** : 이케부쿠로역, 이다바시역, 긴자잇초메역
- 🟢 **치요다센 千代田線** : 메이지진구마에역(하라주쿠), 오모테산도역, 노기자카역(롯폰기), 니주바시마에역(마루노우치)
- 🟣 **한조몬센 半蔵門線** : 시부야역, 오모테산도역, 진보초역

토에이 지하철

도쿄도 교통국에서 운영하는 지하철로 아사쿠사센, 미타센, 신주쿠센, 오에도센의 4개 노선이 있다. 똑같은 지하철이지만 도쿄메트로에 비해 요금이 조금 더 비싸고 노선 종류도 많지 않아 상대적으로 이용 빈도는 낮은 편이다. 단, 오에도센과 아사쿠사센은 도쿄메트로의 웬만한 노선 못지않은 알짜배기 명소를 지난다.

토에이 지하철의 주요 노선

- 🔴 **아사쿠사센 浅草線** : 히가시긴자역, 니혼바시역(마루노우치), 아사쿠사역, 오시아게역(도쿄 스카이트리)
- 🔴 **오에도센 大江戸線** : 도초마에역(도쿄도청사), 이다바시역(카구라자카), 츠키지시장역, 시오도메역

사철

민간 기업이 운영하는 전철로 주로 도쿄 주변 도시나 공항을 연결한다. 대표적인 사철로는 하코네와 카마쿠라를 갈 때 유용한 오다큐 小田急, 공항에서 도쿄 시내로 들어올 때 이용하는 케이세이 京成, 요코하마로 갈 때 편리하게 이용하는 토큐 東急, 도쿄의 아사쿠사와 닛코를 연결하는 토부 東武 등이 있다.

버스

도쿄 시내에서 버스는 전철과 지하철의 보조 교통수단에 불과하다. 전철과 지하철이 도쿄의 구석구석을 거미줄처럼 연결하고 있는 반면, 도로 사정은 좋지 않은 편이라 대부분의 노선버스는 전철역과 지하철역 사이를 연결하는 수단으로 이용된다. 도쿄 시내를 달리는 버스는 탑승 거리와 상관없이 210엔 균일 요금이 적용된다. 반면, 도쿄 외곽이나 시외를 연결하는 버스는 거리에 따라 요금이 늘어나는 시스템. 시내버스를 이용할 때는 앞문으로 승차하면서 요금을 지불하고, 내릴 때는 뒷문을 이용하면 된다. 스이카나 파스모로 요금을 지불할 경우엔 한국에서와 마찬가지로 타고 내릴 때 카드를 찍어야 한다.

6
알아두면 득이 되는 교통패스

토쿠나이패스 都区内パス (750엔)

도쿄도 23구 내의 모든 JR 노선을 하루 종일 마음껏 이용할 수 있는 교통패스. JR 기본요금은 140엔이지만 조금만 이동해도 제법 큰 요금이 부가되는 것을 감안하면 하루에 4~5회 정도만 JR을 이용한다고 해도 패스를 구입하는 것이 이득이다. 단, 지브리미술관이 있는 미타카역이나 도쿄 디즈니리조트가 있는 마쿠하리역은 도쿄 23구를 벗어나는 지역에 있어 추가 요금이 필요하다. JR 각 역의 티켓 자동발매기에서 구매할 수 있다.

도쿄프리킷푸 東京フリーきっぷ (1,590엔)

도쿄도 23구 내의 JR과 도쿄메트로, 토에이 지하철의 모든 노선 그리고 시내버스까지 하루 종일 무제한 탈 수 있는 슈퍼 교통패스. 짧은 일정으로 많은 곳을 둘러보고 싶을 때 사용하면 유용할 수 있지만, 하루 동안 본전을 뽑기는 쉽지 않다. JR, 도쿄메트로, 토에이 지하철 각 역의 티켓 자동발매기에서 구입할 수 있다.

도쿄 서브웨이티켓 TOKYO SUBWAY TICKET (800엔)

도쿄메트로와 토에이 지하철 전 노선을 정해진 시간 동안 자유롭게 이용할 수 있는 티켓으로 24시간권(800엔), 48시간권(1,200엔), 72시간권(1,500엔) 세 가지가 있다. 기존의 1일승차권은 개시 당일 24시에 효력이 끝나지만, 이 티켓은 개시한 시점으로부터 24시간 동안 사용할 수 있기 때문에 가성비가 훨씬 뛰어나다. 단, 외국인을 위한 티켓이기 때문에 구입 시 여권 지참은 필수. 구입은 나리타국제공항 1층 케이세이버스 티켓 판매소와 하네다국제공항 관광안내센터에서 할 수 있다. 공항에서 깜빡했다면 도쿄 시내의 빅카메라 또는 관광안내소(일부)에서 구입하면 된다.

도쿄메트로 24시간권 東京メトロ24時間券 (600엔)

기존의 도쿄메트로 1일 승차권을 대신하여 생긴 교통패스. 사용 개시부터 24시간 동안 도쿄메트로 소속의 9개 지하철 노선을 자유롭게 탈 수 있어 1일승차권보다 훨씬 더 효율적이다. 도쿄메트로 각 역의 티켓발매기에서 구입할 수 있다.

도쿄 교통카드 완전 정복

도쿄를 포함한 간토 지방 수도권에서 주로 사용하는 IC 교통카드는 일본 지하철·사철이 연합 발행하는 파스모 PASMO와 JR 동일본여객철도가 발행하는 스이카 SUICA 두 종류다. 일본 전 지역에서 사용 가능한 전국 호환 카드로 기능에서는 큰 차이가 없다. 단, 파스모는 교통카드 중 유일하게 수수료를 받지 않아 환불 시 잔액과 보증금을 모두 돌려받을 수 있다.

종류	파스모 PASMO	스이카 SUICA
환불	수수료 없음	수수료 220엔
구입	지하철역 발권기	JR 역 발권기
충전	지하철역, JR 역, 편의점 등 1,000엔 단위 충전(일부 기계는 잔돈 충전 가능)	
사용	철도(공항 모노레일, JR, 사철 등) / 버스(공항버스, 도시 간 연결 버스 포함) 편의점 및 일부 상점, 자판기, 물품보관소, 주차장	
지역	도쿄, 오사카, 교토, 후쿠오카 등 전국 10개 지역	
기간	마지막 사용일로부터 10년	

파스모 구입 방법

① 화면에서 PASMO, 새 PASMO 구입 버튼을 순서대로 누른다.

② 카드 종류에서 무기명 BLANK PASMO을 선택한다.

③ 보증금 500엔을 포함한 충전 금액을 선택 후 투입한다.

④ 카드를 받는다. 영수증을 원하면 영수증 버튼을 누른다.

7
기초 일본어

여행 전에 간단한 일본어를 알아보자. 몇 가지 일본어만으로는 자연스러운 의사소통이야 당연히 불가능하겠지만 식당, 상점 등에서 기본적인 인사를 건네는 것만으로도 여행이 한층 더 즐거워질 것이다.

인사

おはようございます
오하요고자이마스
아침 인사

こんにちは
콘니치와
점심 인사

こんばんは
콤방와
저녁 인사

お願いします
오네가이시마스
부탁드립니다

ありがとうございます
아리가또고자이마스
감사합니다

本当にありがとうございます
혼또니 아리가또고자이마스
정말 감사합니다

すみません
스미마셍
죄송합니다, 실례합니다

さようなら
사요나라
안녕히 계세요

はい 하이 예
いいえ 이이에 아니오

화장실

トイレ・お手洗い
토이레·오테아라이
화장실

トイレはどこですか
토이레와 도코데스까
화장실이 어디 있나요?

トイレを借りてもいいですか
토이레오 카리떼모 이이데스까
화장실 좀 써도 괜찮나요?

상점

福袋 후쿠부쿠로
럭키 박스(보통 연초에 상점에서 판매)

期間限定 키캉겐테
기간 한정

セール 세에루
세일

税抜き 제에누키
소비세 미포함

税込み 제에코미
소비세 포함

식사

いただきます
이타다키마스
잘 먹겠습니다

ごちそうさまです
고치소사마데스
잘 먹었습니다

美味しい
오이시이
맛있어

乾杯
칸빠이
건배

韓国語のメニューありますか
캉코쿠고노 메뉴 아리마스까
한국어 메뉴판 있나요?

お勘定お願いします
오칸죠 오네가이시마스
계산 부탁드려요

유용한 표현

いくらですか
이쿠라데스까
얼마인가요?

レシートください
레시토 쿠다사이
영수증 주세요

これください
코레 쿠다사이
이거 주세요

DAY
ONE
—
도쿄의 과거와 현재를 만나다

오늘의 루트맵

마루노우치

도쿄역
일번가
P.26

도쿄역

START
마루노우치
남쪽 출구

KITTE

비론
P.20

나주바시미에역

2번 출구

교쿠가이엔
P.22

쿠스노기
마사시게상

나주바시

반다리바시

도쿄역 주변에서 관광을 마친 후 JR 야마노테선을 타고 간다역(神田 驛)까지 간다. 간다역에서 노란색 긴자선 아사쿠사행(淺草行) 메트로 로 갈아타서 종점인 아사쿠사역에서 하차(12분, 310엔)한다. A4 출구로 나가면 잠심사사 장소인 나미키야부소바로 편하게 이동할 수 있다. 센소지에서 도쿄 스카이트리운까지는 편다 버스를 이용하면 편하 다. 만일 시간이 맞지 않는다면 다시 아사쿠사역으로 돌아가 투부 스카 이트리 라인을 타고 도쿄 스카이트리역에서 하차하면 된다.

오시아게
(스카이트리마에)

플라네타륨 텐쿠

도쿄 스카이트리역

도쿄 스카이트리 P.38

도쿄 소라마치

스미다
수족관

무민하우스 카페
소라마치점 P.36

도쿄 스카이트리역

센소지 P.32

혼도

혼조문

아사쿠사역

A4 출구

START2

카미나리문

코이케
상점

카미당고
아즈마

나미키
야부소바 P.30

판다버스
승강장

도보 루트
버스 루트
전철 메트로역

19

일본에서 제일 맛있는 **바게트 맛보기**

비론
VIRON

도쿄역 마루노우치 남쪽 출구로 나와 KITTE를 끼고 돌면 바람에 나부끼는 차양 아래로 나란히 뻗어 있는 테이블이 시선을 사로잡는다. 카페 비론은 일본에서 유일하게 프랑스 비론 사의 유기농 밀가루 레트로도르를 사용하는 빵집. 이곳의 빵은 프랑스 바게트 대회 우승자 대부분이 사용했다고 하는 레트로도르를 사용하는데, 이 밀가루는 과거의 밀가루 제조 방식을 고수하여 만들어내는 최고의 걸작이다.

🏷 JR 도쿄역 마루노우치 남쪽 출구에서 도보 1분
🍴 東京都千代田区丸の内2-7-3 東京ビルTOKIA 1F
🕐 10:00~21:00 / 휴무 부정기적
☎ 03-5220-7288
🖥 www.marunouchi.com/shop/detail/3018

① 케이크와 바게트로 만든 샌드위치도 인기.
② 겉은 바삭하고 속은 촉촉한 바게트에 튜너, 양파, 양상추 등의 신선한 재료를 듬뿍 담아 만든 통 크뤼디테(トン・クリュディテ, 713엔)는 아침식사로 제격.
③ 다양한 종류의 빵들이 고소한 향을 풍기며 진열장을 가득 채우고 있다. 바게트는 바삭한 상태로 판매하기 위해 50분에 한 번씩 구워낸다.
④ 빵 진열장 옆으로 비론 특제 잼과 쿠키 등이 놓여있다.

❷

❶

TIP

빵만 사고 나올 생각이라면 들어가서 바로 주문
하면 되지만 테이블에 앉아서 식사를 하고 싶다
면 가게 안에 들어가 점원에게 안내를 받아야
한다. 가게 안에 대기 줄이 있을 경우 제일 뒤로
가서 자신의 차례를 기다린다. 특히 가게 밖에
위치한 테라스 석은 자리가 비어있더라도 일단
안에 들어가 안내를 받아야 하니 주의할 것.

고쿄가이엔

皇居外苑

고쿄(皇居)의 밖에 위치한 정원이라는 뜻의 고쿄가이엔은 사전 예약
을 해야만 방문이 가능한 고쿄와 달리 24시간 개방되어 있어 일본의
왕실을 간단하게 경험해볼 수 있는 곳이다. 일본의 중요문화재로 지
정된 니주바시(二重橋)와 사쿠라다몬(桜田門)을 먼저 보고 일왕에
대한 충성심을 상징으로 유명한 쿠스노키 마사시게의 동상을 둘러보
자. 도쿄 한가운데 있다고는 믿어지지 않는 광대한 규모를 자랑하지
만, 주요 볼거리만 본다면 1시간이면 충분하다.

📍 JR 도쿄역 마루노우치 남쪽 출구에서 도보 7분
🏠 東京都千代田区皇居外苑 1-1
🕐 24시간
📞 03-3213-0095
🏠 www.env.go.jp/garden/kokyogaien

고쿄가이엔 내 잔디에는 돗자리를 깔고 책을 읽거나 낮잠을 즐기는 시민들이 종종 보
인다. 같은 잔디여도 진입이 허용된 곳과 허용되지 않는 곳이 있으니 안내 표지판을
잘 보고 들어갈 것.

바깥쪽에 위치한 고라이몬(高麗門)과 안쪽에 있는 와타리야구라몬(渡櫓門)을 일컬어 사쿠라다몬이라고 한다. 1636년에 만들어진 것으로 얼마 남지 않은 에도 성의 흔적 중 하나이다. 우리에게는 1932년 1월 8일 이봉창 의사가 히로히토 일왕에게 수류탄을 던진 곳으로 유명하다.

매주 일요일이면 차량을 통제하고 자전거를 탈 수 있도록 팰리스 사이클링(パレスサイクリング) 코스를 오픈한다. 10:00부터 15:00 사이에 니주바시마에역 2번 출구로 나가면 무료로 자전거를 빌릴 수 있다. 비 오는 날과 특별 행사가 있는 경우에는 운영하지 않는다.

쿠스노키 마사시게 상. 쿠스노키 마사시게는 고다이고 일왕이 무신 정권이었던 가마쿠라 막부를 멸망시키는 데 큰 공을 세웠던 인물로 일본 내에서는 일왕에 대한 충성심을 상징하는 존재로 추앙받고 있다.

정면에 보이는 세이몬이시바시(正門石橋)와 안쪽에 있는 세이몬테츠바시(正門鉄橋)를 통틀어 니주바시라고 한다. 니주바시 너머로 보이는 건물은 후시미야구라(伏見櫓)로 고쿄에서 가장 아름다운 망루로 손꼽힌다.

DAY ONE

00:30

도쿄에서 가장 활기찬 **지하 상점가 탐험**

① 도쿄역에서 하차하여 야에스 중앙 출구(八重洲中央口) 방향으로 이동하다 보면 야에스 지하 중앙 출구로 내려가는 계단이 나온다. 이 계단을 내려가면 바로 도쿄역일번가가 나온다.
② 지하 1층 중앙에 있는 도쿄 과자랜드(東京おかしランド)에 있는 Calbee+에서는 즉석에서 튀겨주는 감자 스틱 '포테리코'와 감자 칩을 맛볼 수 있다.

도쿄역일번가

東京駅一番街

도쿄 내 최대의 유동인구 수를 자랑하는 도쿄역에 위치한 종합 상업시설. 야에스 지하 중앙 출구와 직결되어 있다. 지하 1층부터 지상 2층에 걸쳐 맛집, 특산품 상점, 캐릭터 숍 등이 포진해있어 다양한 즐거움을 만날 수 있다.

📍 JR 도쿄역 야에스 지하 중앙 출구에서 바로
🏠 東京都千代田区丸の内1-9-1
🕐 10:00~20:00
☎ 03-3210-0077
🖥 www.tokyoeki-1bangai.co.jp

❶

❷

③ 지하 1층에 위치한 도쿄 라멘스트리트(東京ラーメンストリート)에서 라멘을 먹기 위해 줄 서 있는 사람들.
④ 지상 2층의 도쿄 고치소플라자(東京ごちそうプラザ)에서는 선별된 맛집을 한곳에서 만나볼 수 있다.

1층에 있는 도쿄 미타스(TOKYO ME+)에 있는 하나노바바로아(花のババロア). 식용 꽃을 이용하여 만든 바바루아를 판매한다.

⑤ 과자랜드와 함께 있는 도쿄 미야게센터(東京みやげセンター)에서는 닌교야키(人形焼)부터 츠키시마의 몬자야키 세트까지 400여 종의 도쿄 관련 상품을 판매하고 있다.
⑥ 과자랜드 옆으로 뻗어있는 도쿄 캐릭터스트리트(東京キャラクターストリート)에 위치한 리락쿠마 스토어. 전국에 13곳 밖에 없는 르락쿠마 전문점 중 한 곳이다.

옛 모습을 되찾은 도쿄역과 만나다

1914년 12월 20일에 운행을 시작한 도쿄역은 고쿄와 인접해 있어 도쿄를 대표하는 곳이라는 의미로 '도쿄'라는 역 이름이 붙게 되었다. 실제 위치해 있는 행정 구역은 도쿄도 치요다구 마루노우치.

제2차 세계대전 당시 미군의 공격에 의해 대부분이 손실되었으나 패전 이후에 복구공사를 통해 1947년에는 운행을 재개하게 되었다. 이때 완성된 외관은 2007년까지 유지가 되었는데 도쿄역의 옛 모습을 찾자는 취지로 2007년부터 2012년까지 5년에 걸친 복구공사를 거쳐 과거의 모습을 되찾게 되었다.

노선은 운행 개시 당시부터 꾸준히 늘어나서 현재는 10여 개의 JR 노선과 신칸센, 소부선, 케이요선이 정차하는 일본에서 가장 플랫폼이 많은 역이 되었다.

도쿄역 전체를 보고 싶다면 KITTE를 찾자!

일본어로 우표라는 의미를 지닌 KITTE(킷테)는 일본 우편 빌딩(JP Tower)에 위치한 종합 쇼핑몰이다. 도쿄역에서 나오면 맞은편 빌딩 아래에 위치한 6층 높이의 건물이 보이는데 그곳이 바로 KITTE다. MUJI, 오니츠카 타이거, G-Shock 등 인기 상점들이 입점해 있어 쇼핑의 명소로 사랑받고 있다. 또한, 인기에 한몫하고 있는 6층의 옥상 정원에서는 도쿄역의 전체 모습을 한눈에 조망할 수 있다.

📍 JR 도쿄역 마루노우치 남쪽 출구에서 도보 1분
🏃 東京都千代田区丸の内2-7-2
🕐 스폿에 따라 다르니 홈페이지 참조
☎ 03-3216-2811
🏠 jptower-kitte.jp

① 온소바 위에 스크램블 한 달걀을 얹은 타마고토지소바(玉子とじそば, 950엔). 따뜻한 육수와 함께 부드럽게 넘어가는 면발과 달걀이 조화롭다. 함께 나온 파와 와사비는 취향에 따라 넣어 먹는다.

② 좌석은 좌식과 테이블이 있다. 좌석이 많지 않아 대기 줄이 긴 편이지만 메인 요리가 소바이다보니 회전률은 좋다.

나미키야부소바

並木藪蕎麦

아사쿠사의 상징인 센소지의 카미나리몬 앞으로 난 도로를 따라 조금만 내려가면 오른쪽으로 현대식 건물들 사이에 정갈하게 서 있는 일본식 건물이 한 채 보인다. 야부(藪)라고 적힌 간판 아래에 있는 미닫이문을 열면 나이가 지긋하신 할머니가 친절하게 맞이한다. 소바는 가장 기본인 자루소바부터 덴푸라를 곁들여 함께 먹는 덴푸라소바까지 천차만별. 달짝지근하게 간이 밴 소바는 입안에 착 감기는 감칠맛이 일품이다. 외국인 손님이 많다 보니 메뉴에 영어가 병기되어 있어 일본어를 못하더라도 주문에 큰 어려움이 없다. 계산 시에는 점원을 불러 앉았던 자리에서 계산한다.

🗺️ 지하철 아사쿠사역 A4 출구에서 도보 5분
🍴 東京都台東区雷門2-11-9
🕐 11:00~19:30 / 휴무 목요일
📞 03-3841-1340

하얀색의 깔끔한 외관으로 최근 리뉴얼했다. 내부는 옛 모습 그대로를 보존하고 있다.

TIP

메뉴에 따라서는 작은 잔에 육수를 따로 내주는 경우가 있는데 소바를 다 먹은 뒤 이 육수에 남은 소바 츠유를 적당히 넣어 마신다. 그냥 먹으면 밍밍하니 꼭 섞어서 마실 것!

센소지
浅草寺

628년 스미다가와에서 어부 형제가 그물에 걸린 관음상을 모시기 위해 사당을 지었고 이후 승려 쇼카이(勝海)가 645년에 절을 세운 것이 지금의 센소지가 되었다고 전해진다.

거대한 붉은 색 제등이 인상적인 카미나리몬(雷門)을 지나 활기가 넘치는 아기자기한 상점가 나카미세도리를 지나면 센소지의 정문에 해당하는 호조몬(宝蔵門)이 나온다. 호조문 너머로는 양옆으로 운세를 볼 수 있는 오미쿠지(おみくじ)를 뽑는 곳과 부적 용도로 들고 다닐 수 있는 오마모리(お守り)를 파는 건물이 있다. 센소지의 본당인 혼도(本堂) 앞은 오르기 전부터 테미즈야(手水舍)에서 깨끗하게 손을 씻는 사람들과 대형 향로 앞에서 연기를 쐬는 사람들로 북적인다. 혼도도 차례를 지켜 소원을 빌려는 사람들로 항상 꽉 차 있지만 웅성거림 없이 모두 경건한 마음으로 자신의 순서를 기다리고 있다. 손자의 손을 잡고 찾은 할아버지, 아직은 빳빳한 양복을 입고 쭈뼛쭈뼛 서 있는 청년까지. 센소지는 도쿄 사람들의 정신적 지주로서 오랜 세월 도쿄를 지켜왔다.

오미쿠지를 뽑았는데 흉(凶)이 나왔을 경우에만 이곳에 묶는다.

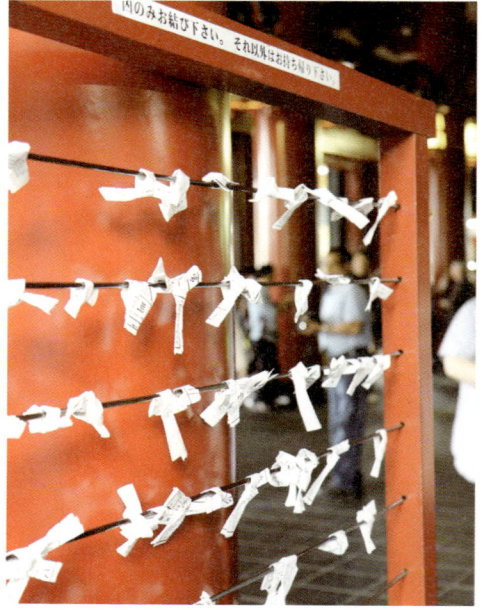

🚇 지하철 아사쿠사역 1번 출구에서 도보 5분
🏯 東京都台東区浅草2-3-1
🕐 06:00~17:00(10~3月 06:30~)
📞 03-3842-0181
🌐 www.senso-ji.jp

TIP

테미즈야에서는 먼저 히샤쿠(柄杓, 작은 바가지)에 물을 떠서 왼손, 오른손 순서로 닦은 뒤 왼손에 물을 조금 담아 입안에 머금고 헹군다. 마지막으로 히샤쿠를 세우듯 들어 남은 물을 이용해 손잡이 부분을 깨끗이 한다. 한 번 담은 물로 이 모든 단계를 진행해야 하니 주의한다.

① 다이코로(大香炉). 아픈 곳에 연기를 쐬면 좋아진다는 믿음이 있어 항상 사람들로 북적인다.
② 혼도에 오르면 센소지의 본존인 관음상이 있는데 그 앞으로 동전을 넣는 함이 있다. 그곳에 동전을 넣은 후 손을 맞대고 이름과 주소, 소원을 마음속으로 고한다.

활기 넘치는 간판 거리, 나카미세도리

카미나리몬에서 호조몬까지 곧게 뻗어있는 260m 길이의 산도(参道)를 따라 늘어서 있는 나카미세도리는 도쿄 최고의 전통 상점가로 에도시대부터 서민들의 꾸준한 사랑을 받아왔다. 일본색이 짙은 전통 기념품과 토산품을 비롯해 연극이나 무용에 쓰이는 소품과 의상 등 특이하고 재미있는 물건이 많아 구경하는 재미가 쏠쏠하다. 맛좋은 간식거리도 많아서 군것질을 즐기기에 좋다.

코이케상점
小池商店

나카미세도리로 들어가 조금만 걷다보면 왼쪽에 야무진 표정의 귀여운 개구리가 손님들을 반기는 코이케상점이 나온다. 내부에는 일본식 문양을 사용한 면소재의 손수건부터 부드러운 핸드타올까지 다양한 제품을 판매하고 있다.

🕐 10:00~18:00
📞 03-3844-9497
🌐 www.asakusa-koike.com

키비당고 아즈마
きびだんご あづま

키비당고를 전문적으로 파는 가게. 인절미와 비슷한 느낌의 키비당고는 다섯 꼬치에 330엔. 함께 판매하는 말차(110엔)도 꿀맛이니 꼭 함께 맛보자. 쫀득한 키비당고와 함께 마시는 시원한 말차는 더할 나위 없이 **훌륭하다**. 구매한 키비당고와 말차는 가게 옆과 뒤에 설치된 간이 테이블에서 먹어야 한다. 항상 붐비는 나카미세도리에서 콩가루가 풀풀 날리는 키비당고를 걸어 다니며 먹는 것은 자칫 잘못하면 주변 사람들에게 피해를 줄 수 있으니 자제하자!

🕐 09:00~19:00
☎ 03-3843-0190

귀여운 무민과 함께 **동화 속에서 쉬어가기**

무민 카페에서 만날 수 있는 대형 인형

무민하우스 카페 소라마치점

ムーミンハウスカフェ ソラマチ店

도쿄 스카이트리역 개찰구를 나오면 같은 건물에 위치한 무민 카페
가 보인다. 카페 입구에는 구매 욕구를 자극하는 귀여운 무민 관련
잡화와 주방용품, 과자 등이 진열되어 있다.
안내받은 자리에 앉아 주문하면 점원이 무민에 나오는 캐릭터의 대
형 인형을 빈자리에 앉혀준다. 귀여운 캐릭터 인형과 함께 티타임을
보내고 있으면 계속해서 점원이 다른 캐릭터로 바꿔주므로 다양한
캐릭터와 만날 수 있다. 무민을 잘 모르는 사람도 방문하면 무민을
좋아하게 될 것이다.

📍 토부 스카이트리 라인 도쿄 스카이트리역과 직결
🚇 東京都墨田区 押上 1-1-2 東京スカイツリー_タウン・ソラマチ 1F
🕐 08:00~22:30 / 휴무 부정기적
📞 03-5610-3063
🔗 www.benelic.com/moomin_cafe/skytree_town

① 달콤한 커스터드 푸딩과 초코 마들렌을 맛
볼 수 있는 스베니아 플레이트. 마들렌은 원하
는 캐릭터 모양을 고를 수 있으며 푸딩이 담겨
있는 컵 또한 원하는 것을 고르면 집으로 가지
고 갈 수 있도록 포장해준다.
② 코코아 주문 시 원하는 캐릭터를 고르면 거
품 위에 그려준다.

TIP

인기가 많아서 항상 대기가 있다. 평일에는
앉아서 차례를 기다려야 하지만 주말과 공
휴일에는 전화번호를 적어 두면 자신의 차
례가 되기 전에 전화로 알려준다. 해외 번
호일 경우에도 전화해주니 대기 번호를 받
고 스카이트리 안을 둘러보는 것도 좋다.

08:00

별처럼 아름다운 **도쿄 야경 관람**

도쿄 스카이트리
東京スカイツリー

2012년 5월에 완공한 세계 제일 높이(634m)의 자립식 전파탑. 완공 후 도쿄타워의 인기를 뛰어넘는 일본 최고의 전망 스폿이 되었다. 전망대는 350m, 450m 두 곳이 있는데 450m는 기본 입장료(2060엔) 외에 별도로 1030엔을 내고 입장권을 사야 한다.

전망대에서는 도쿄 시내 외에도 치바 현에 위치한 도쿄 디즈니랜드와 시즈오카 현에 있는 후지 산까지 방대한 범위의 파노라마 뷰를 즐길 수 있다.

전망 외에 외부에서 바라본 도쿄 스카이트리도 매력적이다. 기본적으로는 파란색과 보라색을 격일로 밝히는데 계절과 해당 기간에 시행되고 있는 이벤트에 따라 콘셉트를 바꿔 더욱 화려하게 빛나기도 한다.

📍 토부 스카이트리 라인 도쿄 스카이트리역 정면출구에서 바로
🚇 東京都墨田区押上1-1-2
🕐 08:00~22:00
☎ 03-5302-3480
🏠 www.tokyo-skytree.jp

당일권 티켓 판매 카운터. 인터넷에서 예약한 경우에는 카운터 옆에 위치한 Web 티켓 교환 기계에서 예약번호를 입력하고 발권한다.

도쿄 스카이트리로 올라가는 엘리베이터. 50초 만에 350m 전망대에 도달한다.

 TIP

도쿄 스카이트리는 안전상의 이유로 시간대별로 입장 가능한 인원이 정해져 있다. 일본이 공휴일인 경우 많은 사람이 몰릴 수 있으니 미리 확인하고 예약하는 것도 방법. 예약은 공식 홈페이지에서 할 수 있으며 예약할 경우 2,600엔으로 500엔가량의 수수료를 지불해야 한다. 만일 예약을 하고 가지 않는데 입장이 마감되었다면 외국인 전용 Fast Skytree Ticket 카운터로 가보자. 3,000엔이라는 금액이 부담스럽긴 하지만 스카이트리에 꼭 올라보고 싶다면 최후의 수단으로 고려해 보는 건 어떨까?

도쿄가 꿈꾸는 미래의 커뮤니티를 보다

도쿄 스카이트리타운(東京スカイツリータウン)은 도쿄 스카이트리를 중심으로 하는 쇼핑센터 소라마치와 오피스빌딩인 이스트타운, 스미다 수족관, 플라네타륨 덴쿠 등으로 구성된 거대 상업&관광 시설이다. 일본은 예로부터 성 주변으로 시타마치(下町)라고 불리는 시가지가 생기고 번영하며, 그 안에서 사람들 간의 커뮤니티가 탄생했다. 도쿄 스카이트리타운은 이러한 시타마치의 정서를 소중히 생각하고 콘셉트로 잡았다. 도쿄의 동쪽에 높이 솟은 스카이트리에 올라 옹기종기 모여 있는 다양한 시설들을 보고 있으면 도쿄 스카이트리타운이 추구하는 상냥한 미래의 커뮤니티를 느낄 수 있을 것이다.

TIP

무료 승하차! 판다 버스를 타자

센소지에서 도쿄 스카이트리타운으로 가는 방법은 다양하지만, 시간만 맞는다면 판다 버스를 이용해보자. 센소지의 입구에 해당하는 카미나리몬 앞에 판다 버스 승차장이 있다. 이곳에서 버스를 타면 10분이 채 걸리지 않아 도쿄 스카이트리타운에 도착할 수 있다. 운행 정보는 홈페이지를 참조할 것. 왼쪽 메뉴의 시각 안내(時刻案内)를 클릭하면 시각표가 나오는데, 3번이 카미나리몬, 5번이 도쿄 스카이트리역 앞(とうきょうスカイツリー駅前)이다. 두 스폿 외에도 다양한 곳으로도 운행 중이다.

www.pandabus.net

도쿄 소라마치
ソラマチ

패션, 관광, 카페&레스토랑 등 300점포 이상의 상점이 입점해있는 대형 쇼핑몰이다. 1층부터 10층까지는 다양한 상점과 엔터테인먼트 시설이 있으며 30·31층의 다이닝 플로어에서는 통유리로 된 창문 너머로 스카이트리를 보며 식사를 즐길 수 있다.

스미다 수족관
すみだ水族館

도쿄제도의 바다를 테마로 세계자연유산 오가사와라의 바다를 재현한 대 수족관. 펭귄, 물개를 가까이서 볼 수 있는 초대형 개방 풀장이 있으며 360도로 볼 수 있는 아름다운 산호초 군단 또한 만나볼 수 있다.

플라네타륨 덴쿠
プラネタリウム天空

입체감 가득한 밤하늘을 볼 수 있다. 이케부쿠로 선샤인 시티의 만텐(満天)과 형제인 플라네타륨 상영관으로 일상과는 다른 환상적인 밤하늘의 감동을 느낄 수 있다.

20:00

추천! 도쿄 이자카야 체인점

기본으로 나오는 오토시(お通し). 지점에 따라 조금씩 다르다. 비용은 1인당 350엔.

우오킹
魚金

최근 큰 인기를 끌고 있는 해산물 전문 이자카야. 저렴한 가격에 양까지 푸짐한 회 6종 모둠 스페셜 '오사시미 록텐모리 스페샤루(お刺身六点盛スペシャル)'가 가장 인기이다. 이 외에도 합리적인 가격에 맛까지 좋은 해산물 메뉴가 많으니 부담 없이 일본의 해산물을 맛보고 싶다면 우오킹을 찾아가자!

www.uokingroup.jp

오사시미 록텐모리 스페샤루(1,980엔). 메인 생선은 계절에 따라 달라진다. 보통 두 가지의 선택지를 주고 한 가지를 선택하게 된다. 사진의 생선은 전갱이.

토리키조쿠
鳥貴族

모든 음식과 음료를 한 개당 280엔에 맛볼 수 있는 이자카야. 야키토리는 메뉴당 두 꼬치가 한 세트로 나오는데 280엔이라는 가격이 조금 비싸게 느껴질 수도 있다. 하지만 사워를 포함해 생맥주 등 모든 주류도 한 잔에 280엔으로 저렴해 술을 좋아하는 사람에게는 딱 좋은 가게이다.

🔖 www.torikizoku.co.jp

강력 추천하는 유자와 꿀이 들어간 유즈미츠사와(ゆずみつサワー).

이소마루스이산
磯丸水産

직접 신선한 해산물을 구워 먹는 이자카야. 이자카야로서는 흔치 않게 24시간 영업을 하는 곳으로 늦은 밤 출출할 때 들르기 좋다. 구워 먹는 재료 외에 다양한 종류의 메뉴도 판매하고 있다.

🔖 www.isomaru.jp

기본적으로 제공되는 츠키다시(つきだし). 지점에 따라 조금씩 다르다. 사진의 츠키다시는 시부야점. 399엔으로 다른 이자카야에 비해 비싼 편일지도 모르지만 굉장히 맛이 좋다.

일본의 생활 예절

우리나라에서는 큰 의미 없는 행동이지만 타국에서는 실례가 되는 경우가 종종 있다. 서로 다른 문화 속에서 나고 자란 이상 완벽하게 상대방을 이해하기란 쉽지 않은 법. 비교적 가까운 외국에 속하는 일본 또한 자세히 들여다보면 다른 점이 매우 많다. 한국인이 일본인에게 의도치 않게 범하게 되는 실례되는 행동에는 어떤 것이 있을까? 일본인 친구나 거래처 사람을 만났을 때 배려하면 좋은 생활 속 예절에 대해 알아보자.

젓가락에서 젓가락으로 음식을 옮기면 안 된다.

친구와 함께 식사하고 있을 때 상대방이 고기 힘줄이 끊어지지 않아 애를 먹고 있으면 도와주고자 무심코 젓가락을 가져다 대는 사람이 많다. 보통은 도움을 받은 사람이 고마워하는 것으로 훈훈하게 마무리되지만 상대방이 일본인일 경우엔 이야기가 조금 달라진다. 흠칫 놀라거나 사람에 따라선 강한 거부 반응을 보일 것이다. '사용하던 젓가락으로 집어서 불쾌했나? 왜 이렇게 예민하지.' 그들의 문화를 잘 모르면 상처받고 기분이 나쁠 수도 있는 상황. 사실 일본인의 이런 반응에는 이유가 있다.

일본은 예로부터 사람이 죽으면 대부분 화장을 해왔다. 사체를 화장하고 남은 뼈는 유골함으로 옮기는데, 이때 두 명이 함께 젓가락을 이용하여 옮기는 작업이다. 따라서 일본인들은 두 개의 젓가락을 이용하는 것은 장례 때만 하는 행동으로 인식하여 식사 도중에 음식에 함께 젓가락을 대는 것을 굉장히 불길한 행동으로 여긴다. 이 행동만큼은 아무리 한국에 오래 거주한 일본인도 자연스럽게 받아들이기 어려운 것 중 하나로 손꼽힌다.

상대방의 잔이 비기 전에 술을 채워준다.

한국과 일본의 술자리 문화 중에 가장 다른 점을 하나만 고르자면 '술을 따르는 타이밍'을 들 수 있다. 한국은 기본적으로 잔이 비어있는 상태에서 술을 받는 것이 예의지만 일본은 잔이 마르지 않게 술을 채워주는 것이 예의이다. 상대방이 원샷을 했다면 바로 따라 주어야 하며 조금 남은 경우에는 보충해준다는 기분으로 채워 주어야 한다. 잔에 술이 조금 남아있는데 일본인이 술을 따라주고자 한다면 무리해서 잔을 비운 후 다시 받지 않아도 된다.

예외적으로 맥주는 맛있게 마시기 위해 잔을 완전히 비운 후 새로 따르기도 한다.

가정집을 방문했을 땐 안내해준 자리에서 이동하지 않는다.

한국에서도 공통되는 내용일지도 모르지만 일본에서는 조금 더 엄격한 느낌이다. 아무리 친한 사이, 더 나아가서는 가족일지언정 독립한 개인의 집에 방문하여 안내해준 곳 외에 함부로 이동하는 것은 굉장히 실례가 되는 일로 생각한다. 보통 한국에서는 친구 집에서 화장실을 가고 싶을 때 '화장실 어디야?'라고 물어보지만 일본에서는 '화장실 좀 빌려도 될까?'라는 표현을 하는 것만 보아도 그 차이를 느낄 수 있다. 아주 가까운 사이에서도 이렇게 예의를 차리는 것을 보면 인정이 없다고 느낄지도 모르지만 나와 상대의 관계가 밀접하다 하더라도 상대방의 사생활을 존중해주고, 또 존중받고자 하는 문화가 생활 속에 묻어 나오는 것. 집 주인이 먼저 '집을 안내해주겠다'고 나서지 않는 이상 구경을 하고 싶다고 말하거나 두리번두리번 거리는 행동은 자제하도록 하자.

일본의 코다와리 문화

일본에서 여행을 하다보면 코다와리(こだわり)라는 단어를 자주 접하게 된다. 코다와리한 음식, 코다와리한 기술 등. 일한사전에서 이 단어의 뜻을 찾아보면 '구애됨'이라고 기재되어 있기는 하지만 사실 이 단어 하나 만으로는 설명하기 힘든 개념이다.

일본인에게 있어서 코다와리란 자신이 옳다고 생각하는 신념이며 살아온 삶의 기반이고, 앞으로도 지켜나가야 할 소중한 것이다. 개개인의 코다와리는 모두 달라서 100명의 사람이 있으면 100개의 코다와리가 있다고 할 수 있다. 바삭바삭한 바게트를 제공하기 위해 50분에 한 번씩 바게트를 구워내는 제빵인, 카페라떼의 부드러운 맛을 위해 50년 넘게 거래해온 홋카이도 농장의 우유만을 사용하는 카페 사장 등 코다와리는 일본 곳곳에 존재한다. 물론 이러한 가게들뿐만 아니라 처음으로 취직을 했을 때부터 사용해온 만년필을 수선에 수선을 거쳐 계속해서 사용하는 회사원, 가족들의 식사에는 반드시 엄선된 유기농 재료들만을 사용하는 주부 등 일상생활 전반에서도 코다와리를 찾아볼 수 있다.

こだわり

Flour

단편적으로 생각하면 코다와리는 합리적이지 못하고 불편한 것으로 여겨질 수도 있다. 하지만 이러한 코다와리가 있었기에 일본은 세계로부터 신뢰받는 제품을 만들어내고 일본만의 독특한 매력을 가진 문화를 지켜낼 수 있었다. 빠르게 변화하는 현대 사회에서 일본의 코다와리는 또 다른 개성으로 주목받고 있다.

DAY TWO
일본의 독특한 매력에 풍덩 빠지다

오늘의 루트맵

요코오 •
P.62

미타카역
남쪽 출구

START 1

미타카
관광안내소

카제노산포미치
P.50

이노카시

카페 뒤 리에루
F

미타카노모리
지브리 미술관
P.52

키치조지역에서 나카노역까지는 JR 추오
센 도쿄행(東京行)을 이용해 10분(170엔)이
소요된다.

●━━▶ 도보 루트

🚇 전철·메트로역

다이쇼도리

쇼와도리

샤부로 36
P.58

● 키치조지 선로드 상점가
● 하모니카요코초

키치조지역

나나이바시도리
상점가

나카노 브로드웨이
P.64

나카노

● 벤자이텐

오리 보트
선착장

● 아오바
P.66

START 2

나카노역

사이코로
P.67

09:30

바람이 안내해 주는 **길을 따라 산책하기**

카제노산포미치
風の散歩道

미타카역에서 나와 타마가와 상수 쪽으로 가면 남동쪽의 지브리 미술관까지 약 1.1km 곧게 뻗어있는 카제노산포미치(바람산책길)가 나온다. 1.1km라는 거리가 부담스러워 버스를 타고 이동하는 사람들도 있는데 가능하다면 이 길을 꼭 걸어보길 바란다. 이름에 걸맞게 시원한 바람이 기분 좋게 코끝을 간질이고 산책길 중간중간 오른쪽으로 보이는 주택가 골목으로는 햇빛이 아름답게 부서진다. 때때로 토토로 이정표가 나와 지브리 미술관까지의 남은 거리를 알려줘 토토로를 벗 삼아 걸으면 생각보다 금세 도착하게 된다. 지브리 미술관으로 향하는 설레는 마음을 안고 걷다 보면 지금 걷고 있는 길이 마치 지브리 작품 속에 나오는 길 같다는 생각이 들 정도로 아름다운 산책길이다.

📍 JR 미타카역 남쪽 출구에서 도보 3분

카제노산포미치로 향하는 길목에 있는 미타카 관광 안내소. 이곳에도 토토로가!

카제노산포미치에서 지브리까지의 거
리는 총 1.1km이지만 사실 카제노산
포미치의 거리는 800m이고 나머지
300m는 이노카시라 공원을 따라 걷게
된다.

토토로가 기다리는 **도심 속 아지트 찾아가기**

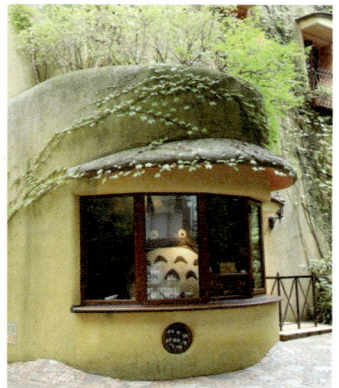

입구에 들어서면 거대한 토토로가 앉아있는 매표소가
보인다. 진짜 매표소는 조금 더 안으로 들어간 곳에
있다!

미타카노모리 지브리 미술관
三鷹の森ジブリ美術館

미타카의 조용한 주택가 옆으로 펼쳐지는 광대한 부지 한편에
서 있는 독특한 외관의 건물. 이곳이 바로 애니메이션의 거장
미야자키 하야오 감독이 직접 설계한 지브리 미술관으로, 스
튜디오 지브리의 작품을 본 적이 있는 사람이라면 누구나 한
번 쯤은 가고 싶은 꿈의 미술관이다. 미술관 안은 실제 미야
자키 하야오의 작업실을 모델로 꾸민 상설전시실이 메인으로
건물 구조가 굉장히 특이하여 2층 건물이지만 3층 건물 같다
는 착각이 드는 개성 넘치는 공간이다. 전시실 외에 단편 애니
메이션 상영 극장, 뮤지엄 숍 등이 있으며 옥상에는 〈천공의 성
라퓨타〉에 나왔던 로봇 구조물이 있다. 미술관을 다 돌고 나면
출구 쪽에 위치한 카페 무기와라보시(麦わらぼうし)에서 잠시
쉬어가도 좋다.

지브리의 오리지널 단편 애니
메이션을 상영하는 극장.

TIP

지브리 미술관은 예약제로 운영하고 있으므로
방문하기로 마음먹었다면 한국 여행사를 통해
예약하거나 일본어가 가능한 사람이라면 지브
리 미술관 홈페이지에서 링크된 예약 페이지
를 통해 예약하도록 한다. 워낙 인기가 많아서
한 달 전에 봐도 매진인 경우가 많으니 여유를
두고 예매해둘 것!

📍 JR 미타카역 남쪽 출구에서 도보 20분 또는
　 미술관행 커뮤니티 버스로 5분(210엔)
🚃 東京都三鷹市下連雀1-1-83
🕙 10:00~18:00 / 휴무 화요일(유동적). 부정기 휴일
📞 0570-05-5777
🏠 www.ghibli-museum.jp

DAY TWO

02:00

빈티지한 토끼의 집으로 점심 초대

카페 뒤 리에부르-우사기관

Café du lièvre うさぎ館

이노카시라 공원 내에 있는 넓은 잔디밭인 쿄기조(競技場)를 지나 아름드리나무들 사이로 부서지는 햇살을 맞으며 걷다 보면 화이트 톤의 빈티지한 목조 건물이 보인다. 토끼의 집이라는 이름답게 가게 의 안과 밖으로 귀여운 토끼들이 가득하다. 메인 요리인 정통 프랑 스 요리 갈레트는 쌉쌀하면서도 산미가 감도는 메밀 반죽이 매력적 이다. 갈레트 외에 크레이프도 맛있으니 식사를 하고 디저트를 먹을 여유가 있다면 꼭 먹어보자. 가게의 한쪽에서 게랑드 소금과 우사기 관 오리지널 굿즈도 판매하고 있다.

🐰 이노카시라코엔 내
🗾 東京都武蔵野市御殿山1-19-43
🕐 11:00~19:00(토 · 일 08:30~20:00) / 휴무 연말연시
📞 0422-43-0015
🔗 lievre.me

갈레트와 같은 부르고뉴 지방 출신인 게랑 드 소금. 과거와 변함없이 전통적인 방법 으로 소금을 만드는 것으로 유명하다.

① 고소한 맛이 일품인 옥수수 스프
② 샐러드는 당근과 쿠스쿠스 둘 중 하나를 선택할 수 있다.
③ 갈레트는 새우와 가리비에 카레 풍미를 가미한 에비토호타테
노크리무니(エビと帆立のクリーム煮) 갈레트.
④ 음료는 커피, 홍차, 주스 중 하나를 선택할 수 있다.

일본 최초의 교외 공원 산책하기

이노카시라 공원
井の頭恩賜公園

주말이면 아이들의 손을 잡고 찾는 부모부터 오리 보트를 타기 위해 찾은 커플, 길거리 공연을 하기 위해 온 젊은 음악가까지 수많은 사람으로 활기가 넘친다. 평일에도 물론 많은 사람들이 찾지만 아트마켓과 같은 색다른 볼거리를 즐기고 싶다면 주말에 찾을 것을 추천한다. 1917년 일본 최초의 교외 공원으로 지정된 후 계획적으로 정비되어 신사와 경기장, 이노카시라 연못의 보트, 이노카시라 자연문화원(井の頭自然文化園) 등 다양한 시설들이 있다. 봄이면 연못 주변으로 펼쳐지는 아름다운 벚꽃 풍경을 만끽할 수 있다.

🚇 게이오 이노카시라센 이노카시라코엔역 하차 도보 1분
🏃 東京都三鷹市井の頭4
🕐 24시간
📞 0422-47-6900

복을 가져다주는 일곱의 신, 시치후쿠진(七福神) 중 하나인 벤자이텐(弁財天)을 모시는 절. 절 이름은 신의 이름을 그대로 따 벤자이텐이라고 부른다.

이노카시라 자연문화원. 동물원과 수생물원(水生物園)으로 나뉜다.

사부로 36
Sublo 36

키치조지의 번화가 한복판에 있지만, 자세히 보지 않으면 지나치기 쉬운 심플한 입구. 설레는 마음으로 좁은 계단을 오르며 10여 년의 역사를 간직한 문구 잡화점을 만날 수 있다. 36이라고 쓰고 사부로라고 읽는 이곳은 다른 지역으로 이벤트성 초청 판매를 다닐 정도로 전국적인 인기를 끌고 있는 곳! 처음 들어서면 생각보다 협소한 공간에 실망할지도 모르지만 가게 안에 알차게 자리 잡고 있는 기본적인 문구류부터 레트로 아이템, 사부로 오리지널 아이템 등 개성 넘치는 제품들을 구경하다 보면 제법 시간이 오래 걸린다.

📍 JR 키치조지역 북쪽 출구에서 도보 3분
🏠 東京都武蔵野市吉祥寺本町2-4-16
🕐 12:00~20:00 / 휴무 화요일(유동적), 연말연시
📞 0422-21-8118
🌐 www.sublo.net

어린 시절 하나 쯤은 사 본 다양한 모양의 지우개.

가게의 한쪽 벽면을 가득 채운 이벤트 제품들. 사부로에서는 한 가지 주제를 정하여 그 주제에 걸맞은 제품들을 소개하고 판매하는 이벤트를 주기적으로 진행하고 있다.

키치조지에서 쇼핑 즐기기

키치조지는 큰 백화점과 전문점, 상점가가 모여 있어 쇼핑을 즐기기에 더없이 좋은 동네이다. 신주쿠와 하라주쿠의 축소판이라 불리는 곳답게 골목골목 꼼꼼히 누비다 보면 반나절이 훌쩍 지나가곤 한다. 하지만 역에서도 금방 눈에 띄는 백화점들에 비해 복잡하게 뻗어있는 거리 사이에서 핵심 상점가들을 단번에 찾아내기란 쉽지 않다. 키치조지에서 가장 핫한 상점가를 미리 알아보고 그곳에서 내 마음에 쏙 드는 가게를 찾아내는 것도 키치조지에서의 즐거운 추억이 될 것이다!

매년 가을 열리는 키치조지 상점가 가을 축제

📍 JR 키치조지지역 공원 출구에서 2분 정도 가면 나오는 마루이백화점 뒤쪽

키치조지 선로드 상점가
吉祥寺サンロード商店街

아케이드 상점가여서 비가 오는 날에도 쇼핑하기 좋다. 소형 상점들이 가득해 구경하는 재미가 쏠쏠하다. 저렴하게 한 끼 식사를 해결할 수 있는 식당도 많다.

나나이바시도리 상점가
七井橋通り商店街

인테리어 소품이나 잡화, 구제 옷, 액세서리 등을 판매하는 가게들이 많으며 하라주쿠와 비슷한 느낌이 난다. 주변에는 토속적인 분위기의 레스토랑이 많아 주말이면 식사나 쇼핑을 즐기려는 사람들로 인산인해를 이룬다.

📍 JR 키치조지지역 북쪽 출구에서 왼쪽을 보면 보이는 맥도날드가 있는 아케이드 내부

쇼와도리·다이쇼도리
昭和通り·大正通り

GAP, ZARA, 바나나 리퍼블릭 등의 브랜드숍을 비롯해 패션 잡화점과 액세서리숍이 늘어서 있다. 전반적으로 깔끔한 느낌이며 맛집도 많아 즐거운 시간을 보내기에 부족함이 없다.

📍 JR 키치조지지역 북쪽 출구에서 도큐백화점 방향으로 도보 5분. 도큐 백화점을 기준으로 남쪽이 쇼와도리, 북쪽이 다이쇼 도리

하모니카요코초
ハモニカ横丁

우리나라의 재래시장과 비슷한 분위기의 오래된 상점가. 낡은 외관의 수입 잡화점, 양품점 등이 오랜 세월 동안 변함없이 자리를 지키고 있는 한편 세련된 카페와 스타일리시한 술집이 함께 어우러져 있어 묘한 매력을 풍긴다.

하모니카요코초 간판

📍 JR 키치조지지역 북쪽 출구로 나오면 길 건너편에 바로 하모니카요코초 간판이 보임

퓨전카페에서 즐기는 **오후의 티타임**

요코오

横尾

복잡한 도로변을 피해 조용한 골목에 위치한 카페. 가게 내부는 깔끔하고 세련됐는데 특히 좌석마다 달린 조명 하나하나에서 오너의 감각이 느껴진다. 이곳을 방문하는 손님 대부분이 친구와 수다를 떨다 가기보다는 혼자 찾아와서 그림을 그리거나 책을 읽는 사람들이 많아 조용한 편이다. 가게의 한쪽으로 오래된 느낌의 서적들이 나란히 꽂혀 있어 한 권씩 꺼내서 구경하는 것도 즐겁다. 이런 세련된 분위기와 상반되게 판매하고 있는 메뉴는 전통 일본 디저트가 메인이며 가게에서 사용하는 그릇들도 일본 느낌이 강한데 그 미묘한 조합이 매력적이다. 쇼핑하다 지쳤을 때 들러 사진을 정리하며 커피와 함께 달콤한 일본 디저트를 즐기기 딱 좋은 카페이다.

마실 것과 디저트를 하나씩 선택해서 맛볼 수 있는 오차토 오카시 셋토(お茶とお菓子セット, 990엔)를 추천한다. 사진은 우유젤리인 토로토로 규뉴제리(とろとろ牛乳ゼリー)에 말차 소스를 끼얹은 것과 커피이다.

📍 JR 키치조지역 북쪽 출구에서 도보 15분
🏠 東京都武蔵野市吉祥寺本町3-23-9
🕐 13:00~18:00 / 휴무 일요일~수요일
💻 www.sidetail.com/cafe-index.html

2018년 1월 11일에 새로 오픈하면서 기존의 식사 메뉴는 없어지고 음료와 디저트만 판매하고 있다. 오너 혼자 운영하는 곳이라 주문한 음식이 천천히 나올 때가 많으므로 느긋하게 기다리는 여유가 필요하다.

일본 서브컬처의 발상지

나카노 브로드웨이

中野ブロードウェイ

1966년 나카노역 북쪽 출구 주변 개발의 일환으로 탄생한 주상 복합 건물. 나카노역 북쪽 출구로 나오면 바로 보이는 선몰 상점가 안을 걷다 보면 나카노 브로드웨이로 들어가는 입구에 도달한다. 허름한 외관에서 느껴지는 세월. 화려했던 과거에 비하면 그 인기가 많이 수그러들기는 했지만, 여전히 활기가 넘친다. 특히 지상 2~4층에 있는 다양한 종류의 서브컬처 숍들은 나카노 브로드웨이의 상징이자 일본 서브컬처의 발상지로도 불린다. 일본 만화나 아이돌 등 서브컬처에 관심이 많은 사람은 물론이며 관심이 없더라도 다른 볼거리도 많아 재미있게 구경할 수 있다.

📍 JR 나카노역 북쪽 출구에서 선물 상점가 안으로 들어가 도보 3분
🚶 東京都中野区中野5-52-15
🕐 11:00~20:00(가게에 따라 다름)
📞 03-3388-7004
🌐 www.nbw.jp

1층에 위치한 오카시노마치오카(おかしのまちおか). 시중에 판매하는 과자들을 저렴한 가격에 구매할 수 있다.

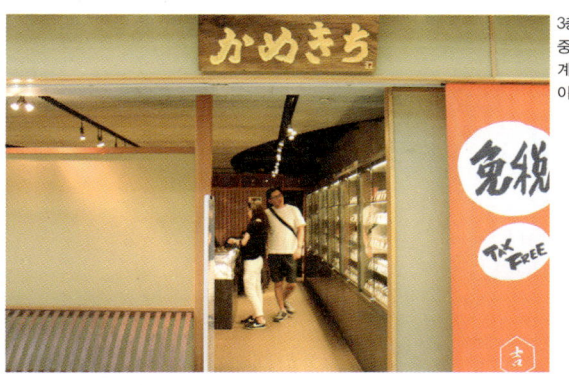

3층에 있는 카메키치(かめきち)라고 하는 중고 시계방. 관리가 잘 된 중고 브랜드 시계를 저렴한 가격에 구매할 수 있어 인기이다. 한국 연예인들도 애용하는 곳.

만화책부터 DVD, 피규어 등 다양한 상품들을 취급하는 만다라케(まんだらけ)의 본점이 나카노 브로드웨이 3층에 있다. 본점 외에도 20여 곳의 분점이 밀집되어 있다.

전체 길이가 30cm나 되는 특대 사이즈 무지개 소프트아이스크림(480엔)을 맛볼 수 있는 데이리 치코(デイリーチコ). 지하 1층에 있다.

강력 추천! 나카노라멘 맛보기

아오바
青葉

미슐랭가이드 도쿄 2015에 실린 것으로 유명한 라멘집. 나카노 사람들은 나카노라멘의 대표로 아오바를 꼽는 사람이 많다. 도쿄라멘의 중독성 강한 다시(だし)에 하카타라멘의 특징인 깊은 맛을 더하여 태어난 아오바는 라멘 전문점으로서의 면모를 갖추기 위해 메뉴를 최소한으로 줄였다. 메뉴는 추카소바(中華そば, 730엔)와 츠케멘(つけめん, 780엔) 단 두 종류이며 가게 앞에 있는 자동판매기에서 각 메뉴에 특제(特製), 곱빼기(大盛り) 옵션을 더하여 구매할 수 있다.

📍 JR 나카노역 북쪽 출구에서 도보 5분
🍴 東京都中野区中野5-58-1
🕐 10:30~21:00(재료가 떨어지면 더 일찍 문을 닫는 경우도 있다)
📞 03-3388-5552
🏠 www.nakano-aoba.jp

츠케멘은 찍어 먹는 육수에 아오바 오리지널 유자후추가 가미되어 독특한 맛이 일품이다. 면을 다 먹고 주방에 말하면 육수를 짜지 않게 중화시켜주니 국물도 꼭 마시자!

세아부라 니쿠니보시 추카소바

사이코로
さいころ

붉은색 네온사인 간판 덕분에 술집으로 착각하기 쉬운 라멘가게. 10주년을 맞이하여 이름과 메뉴를 새로이 하였으나 곳곳에서 예전 이름인 지라이겐(地雷源)의 흔적이 보인다. 메뉴로는 기본 라멘인 추카소바(700엔)와 츠케멘(750엔)에 특제(特製), 시원하게 우린 고기 육수가 일품인 니쿠니보시(肉煮干し), 돼지고기 기름 육수인 세아부라(背脂) 등의 옵션을 추가하여 맛볼 수 있다. 제일 인기가 많은 메뉴는 돼지고기 기름이 들어가 있으면서도 깔끔한 맛이 특징인 세아부라 니쿠니보시 추카소바(背脂肉煮干し 中華そば, 810엔)이다. 주문은 입구에 있는 자동판매기에서 한다.

카운터에 말하면 종이로 된 앞치마를 주겠다는 안내 글. 필요하다면 카운터에 '카미에푸론 쿠다사이(紙エプロンください)'라고 부탁하면 된다.

紙エプロンをご用意しております
お気軽にスタッフまでお申し付け下さい

🚃 JR 나카노역 남쪽 출구에서 도보 3분
🍴 東京都中野区中野2-28-8
🕐 11:00~02:00(일 · 공휴일 ~23:00)
☎ 03-6304-8902
🏠 www.jiraigen.com/shop_honten.html

유명 라멘체인점 소개

일본의 대표 음식 중 하나인 라멘의 역사는 17세기 일본에 들어온 중화 면을 조리한 것에서 시작되었다.
당시 일본인의 대표 외식 메뉴였던 소바에 중화 면을 사용하였다고 하여 추카소바(中華そば)라고 불렸던
라멘은 지금의 라멘보다 조금 더 깔끔한 맛이었다고 한다. 라멘이 전국적으로 인기를 끌기 시작하며 지
역에 따라 육수를 내는 방법, 넣는 재료가 달라지고 지금과 같이 다양한 종류가 생기게 되었다.
라멘이라는 명칭은 1958년에 출시된 인스턴트라멘 '치킨라멘'이 전국적으로 인기를 끈 것을 계기로 추카
소바를 대신해 정착하게 되었다. 하지만 라멘이라는 말의 유래에 대해서는 의견이 분분하다고.
이 책에서는 라멘 체인점 두 곳을 소개한다. 두 가게 모두 하카타 돈코츠라멘(豚骨ラーメン) 대표 브랜드이
며 도쿄에도 지점이 있는 곳이다. 라멘에 대해 잘 몰라서 어떤 가게에 가면 좋을지 고민된다면 참고하자!

잇푸도
一風堂

1985년 카와하라 시게미(河原成美)가 후쿠오카 다이묘에 문을 연 라멘 전문점. 원래 하카타 라멘 가게들은 '무섭고 냄새나고 더러운 곳'이라는 이미지가 있었다. 카와하라는 여자도 혼자 갈 수 있는 깨끗하고 스타일리시한 내부, 돼지육수 특유의 냄새를 없애면서 맛은 더욱 깊어진 국물, 입에 착 감기는 식감이 일품인 오리지널 면발을 통해 잇푸도를 일본에서도 손꼽히는 라멘 브랜드로 이끌었으며 하카타 라멘의 인기에도 큰 공을 세웠다. 가게 이름인 잇푸도는 멈춰있지 않고 계속 부는 바람처럼 시대의 변화에 맞춰 발전하고 싶다는 의미가 담겨 있는데, 잇푸도는 이 이름에 걸맞게 돈코츠라멘에만 연연하지 않고 쇼유라멘(醬油ラーメン), 미소라멘(味噌ラーメン) 등에도 손을 뻗치고 있다. 다양한 메뉴가 있는 가게를 원한다면 잇푸도가 제격이다.

www.ippudo.com

이치란
一蘭

1960년 한 부부가 시작한 라멘 전문점. 초대 점주였던 부부가 나이가 들면서 폐업을 고려했으나 단골손님들의 바람으로 영업을 지속하였다. 이때를 기점으로 단골만을 대상으로 한 회원제 라멘가게로 운영되던 이치란은 후계자이자 현 사장인 요시토미 마나부(吉冨学)가 나노카와(那の川)에 1호점을 내며 다시 특별한 규제 없이 손님을 받게 되었다. 잇푸도와는 다르게 돈코츠 라멘만을 취급하지만, 국물의 농도, 기름진 정도, 마늘 양 등 선택지가 다양하여 돈코츠 라멘을 처음 접하는 사람들에게 추천하는 가게이다.

www.ichiran.co.jp

일본의 고양이

일본에서는 고양이가 인간의 생활과 밀접한 행운의 동물로 여겨진다. 반려견의 수와 반려묘의 수가 거의 비슷할 정도로 반려동물로서도 큰 사랑을 받고 있다. 또한, 가게에서 쉽게 볼 수 있는 팔을 든 웃는 표정의 고양이 마네키네코는 복을 불러오는 상징으로 선물용, 기념품으로 인기가 많다. 일본의 고양이 사랑을 느낄 수 있는 곳으로 찾아가 보자.

인간의 삶과 죽음, 그리고 고양이

일본의 주택가를 걷다 보면 묘비가 한데 모여 있는 풍경을 마주할 때가 있다. 일본인에게 있어 묘지란 나의 소중한 사람이 잠들어 있는 공간으로, 두렵게 생각하기보다는 삶의 일부로 여기는 곳이다. 매일같이 찾는 사람들이 많다 보니 깨끗하게 관리되고 있으며 이른 시간에는 묘비 사이로 나 있는 길을 산책하는 사람도 제법 있다.

야나카레이엔(谷中霊園)은 이러한 일본의 도심 속 묘지 중에서도 유명 인사들이 많이 묻혀있어 이름이 알려진 곳이다. 묘지 사이에 도로가 있을 정도로 규모가 크며 일본의 독특한 묘지 문화를 보기 위해 많은 사람들이 찾다보니 관광지화(?)되었을 정도.

야나카레이엔 안을 걷다 보면 고양이가 '야옹'하고 우는 소리가 자주 들린다. 귀를 기울이고 소리가 들리는 쪽으로 가면 어김없이 고양이를 만날 수 있다. 이곳 고양이들은 사람과 친숙한 탓인지 사람이 보이면 쪼르르 따라온다. 동네 주민분들은 그러한 고양이들을 보고 요즘 노랑이가 살이 쪘느니 빠졌느니 일상적인 대화를 나눈다. 지극히 평범한 모습에 잠시 이곳이 묘지라는 것을 잊게 된다.

죽은 자들의 공간, 그곳을 찾는 산 자와 정령처럼 고요하게 지키고 있는 고양이. 이 묘한 밸런스가 느껴지는 야나카레이엔으로 조금 특별한 산책을 떠나자.

🚇 JR 닛포리역 남쪽 출구에서 도보 4분
🏠 東京都台東区谷中7-5-24
☎ 03-3821-4456

기회의 고양이, 마네키네코

일본에선 어디를 가든 손을 들고 있는 고양이 모형 마네키네코(招き猫)를 쉽게 찾을 수 있다. 마네키네코의 유래에 대해서는 다양한 설이 있다. 그중 하나가 고토쿠지(豪德寺)설이다.

에도시대의 히코네한(ひこねはん)의 2대 번주였던 이이 나오타카(井伊直孝)가 매사냥을 마치고 고토쿠지 앞을 지날 때였다. 절 앞에 앉아있던 삼색 고양이가 손을 흔들어 자신을 부르는 듯한 행동을 하는 것을 보고 잠시 절에 들러 휴식을 취하기로 했다. 그러자 천둥 번개가 치며 비가 쏟아지기 시작하는 것이 아닌가? 고양이 덕분에 비를 피할 수 있었던 나오타카는 감사의 표현으로 스러져가던 절을 복구할 수 있도록 조치를 취했다. 이 인연으로 고토쿠지는 이이 가문의 위패를 모시는 절이 되었다.

고양이는 세월이 흘러 죽게 되었고 절에서는 고양이를 위한 사당을 지어 이름을 마네키네코도(招猫堂)라고 지었다. 고양이의 손을 흔드는 포즈를 따라 만든 장식품 마네키네코(招福猫児)도 만들어 절 안을 꾸몄다. 고토쿠지에 있는 마네키네코를 잘 보면 오른손을 들고 있는 고양이만 있다. 고토쿠지는 이이 가문의 위패를 모신 절로, 예로부터 왼손은 무사에게 있어 부정의

손으로 여겨졌기 때문이다. 또한 코반(こばん)이라는 에도시대의 화폐를 들고 있는 마네키네코도 찾아볼 수 없는데 그 이유는 '마네키네코는 기회를 가져다줄 뿐, 결과(코반)를 가져다주지 않는다. 결과는 지극히 본인에 달려있다.'라는 믿음 때문이라고 한다.

기회를 불러다 주는 고토쿠지의 마네키네코는 구매도 가능하다. 가격은 크기에 따라 천차만별. 마음에 드는 마네키네코를 구매하여 자신의 꿈을 성취해내겠다는 의지를 다져보는 건 어떨까?

📍 오다큐센 고토쿠지역에서 도보 8분
🏯 東京都世田谷区豪德寺 2-24-7
🕐 09:00~16:30
📞 03-3426-1437

> **TIP**
> 오른손을 들고 있는 마네키네코는 금전을, 왼손을 들고 있는 마네키네코는 사람을 불러주는 것으로 알려졌다. 간혹 양쪽 손을 들고 있는 마네키네코도 있는데, 욕심이 너무 많으면 복이 달아난다고 싫어하는 사람도 많다.

마네키네코를 판매하는 곳

일본의 패션

일본의 거리를 걷다 보면 독특한 패션을 뽐내는 사람들이 흔하게 눈에 띈다. 화려한 색상의 옷, 난생처음 보는 헤어스타일, 굉장히 공을 들인 듯한 메이크업에 놀라고, 지나가던 사람들이 한 번쯤 쳐다볼 법도 한데 모두가 평정심을 유지하고(?) 제 갈 길을 가고 있어 또 한 번 놀란다. 창의적인 패션을 지향하고 남들과는 다른 개성을 추구하는 일본. 조금은 부럽기도 하고 괜한 용기가 생겨서 나도 한 번 특이한 옷을 입어볼까 고민하게 된다.

신사 등 전통적인 관광지에 가거나 축제를 보러 가면 전통의상을 입고 있는 사람을 쉽게 목격한다. 그뿐만 아니라. 아이돌 콘서트장에 유카타를 입고 온 관객, 개조한 기모노로 화려하게 치장한 여성까지 일본에는 전통의상을 특별한 날에만 입어야 한다거나 특별한 곳에서만 입어야 한다는 고정관념이 존재하지 않는다. 전통을 고수해야 한다는 의무감이 아닌 진정으로 전통을 사랑하고 생활에서 이어가고 있는 모습이 아름답다.

DAY THREE
—
도쿄의 여유로움을 배우다

오늘의 루트맵

마더 에스타
P.83

카우북스

츠타야 서점
P.90

언

테노
P.9

본돌피본

메구로가와
P.84

트래블러스 팩토리

START 2

콜로보클
P.88

나카메구로역

위트
P.82

지유가오카에서 나카메구로까지는 토큐토
요코센 카와고에시행(川越市行)을 타고 4
분(160엔)이 소요된다.

도보 루트

전철·메트로역

지유가오카

크래프트홀릭 P.78
투데이즈 스페셜
뽀빠이카메라

START
남쪽출구
지유가오카역
하나카베츠 P.76
그린로드

에비스역
키무카츠 P.94

비어 스테이션
에비스 가든플레이스 타워 P.96

나카메구로-다이칸야마-에비스

햇살 가득한 테라스에서 즐기는 **여유로운 아침식사**

하나캬베츠
花きゃべつ

지유가오카역 남쪽 출구를 나와 가로로 길게 이어진 그린 스트리트를 따라 왼쪽으로 걷다 보면 가게 앞 테라스가 매력적인 하나캬베츠가 나온다. 35년 전통의 팬케이크 전문점인 이곳은 계절별로 바뀌는 인테리어와 친절한 서비스 등에서 오너의 섬세함이 느껴진다. 아침부터 달콤한 팬케이크를 먹기에 부담스럽다면 오전 09:30부터 11:00까지 판매하는 모닝 세트를 맛보자. 플레인 팬케이크에 음료, 베이컨 등이 함께 나와 든든하게 배를 채울 수 있는 세트는 495엔부터 770엔까지 다양하다. 메뉴판에 친절하게 사진이 붙어있어 주문에는 큰 어려움이 없다.

📍 토큐토요코센 지유가오카역 남쪽 출구에서 도보 3분
🏠 東京都目黒区自由が丘1-7-3
🕐 09:30~20:00 / 휴무 1월 1일
📞 03-3724-0310
🌐 ameblo.jp/hanakyabetsu-pancake

초코바나나 팬케이크(860엔)와 스페셜 블랜드 커피 (495엔). 스페셜 블랜드 커피와 아메리카노는 팬케이크와 세트로 주문 시 90엔 할인된다.

할로윈에 맞춰 꾸민 실내.

DAY THREE

00:00

폭신폭신 마음까지 따뜻해지는 **인형들이 기다리는 곳**

크래프트홀릭
CRAFTHOLIC

입구부터 귀여움으로 가득한 잡화점. 인테리어 · 생활
잡화 회사인 악센트 스타일(aCCENT STYLe)의 자회
사 크래프트홀릭은 아이부터 어른까지 모두가 좋아할
만한 캐릭터를 활용하여 다양한 제품을 선보이고 있
다. 대표 캐릭터로는 토끼 라부와 곰 슬로스, 고양이
코라트, 원숭이 로리스가 있다.

📍 토큐토요코센 지유가오카역 정면 출구에서 도보 3분
📮 東京都目黒区自由ヶ丘2-9-2辻田ビルディング1F-B
🕐 11:30~19:30
📞 03-6421-3286
🏠 www.craftholic.com

대형 쿠션은 한국에서 구매하는 것보다 약 1만 원 이상 저렴하게
구매할 수 있다. 가격은 3240엔~4100엔 정도.

크래프트홀릭 지유가오카 카토레
아도리점은 직영점으로, 직영점에
서만 판매하는 한정 제품들을 만날
수 있다.

도시락을 싸고 싶게 만드는
귀여운 비주얼의 도시락통

지유가오카 추천 쇼핑 스폿

지유가오카에는 개성 넘치는 잡화점이 곳곳에 즐비하다. 정면 출구 쪽으로 나오면 다양한 명칭의 쇼핑 거리가 사방으로 뻗어있는데 어느 한 곳만 둘러보기엔 아쉬울 정도로 모든 거리에 시선을 끄는 상점들이 포진해 있다.

📍 토큐토요코센 지유가오카역 정면 출구에서 도보 3분
🚶 東京都目黒区自由が丘2-17-8
🕐 11:00~21:00
☎ 03-5729-7131
🏠 www.todaysspecial.jp

투데이즈 스페셜
TODAY'S SPECIAL

자연을 소중히 하고 오늘을 특별히 생각한다는 의미를 지닌 투데이즈 스페셜. 빈티지한 느낌의 에코백과 실용적인 워터보틀이 크게 인기를 끌었다. 그 외에도 다양한 식재료와 부엌 용품, 생활 잡화 등 다양한 상품을 취급한다. 가게 3층에는 카페도 운영 중이다.

뽀빠이카메라
ポパイカメラ

곧 80주년을 맞이하는 사진전문점이다. 사진을 찍고 인화하는 즐거움을 알리고, 사진을 귀엽게 꾸미기 위한 앨범과 잡화를 판매한다. 가게 내부가 큰 편은 아니지만 사진 관련 아이템들이 알차게 진열되어 있어 볼거리가 쏠쏠하다.

📍 토큐토요코센 지유가오카역 정면 출구에서 도보 2분
🏠 東京都目黒区自由が丘2-10-2
🕚 11:00~20:00 / 휴무 부정기적
☎ 03-3718-3431
🖥 www.popeye.jp

프랑프랑
Francfranc

잡화부터 가구까지 폭넓은 제품을 갖춘 가게로 전국에 80여 개의 매장이 있다. 최근 여성들에게 전폭적인 지지를 받고 있으며 특히 프랑프랑의 에코백은 실용적이고 가격도 저렴해 크게 인기를 끌고 있다. 그 외에도 한국에 들고오기 간편한 예쁜 잡화들이 많으니 둘러보자.

📍 토큐토요코센 지유가오카역 남쪽 출구에서 도보 3분
🏠 東京都世田谷区奥沢5-26-16自由が丘マスト3F
🕚 11:00~20:00
☎ 03-5701-7880
🖥 www.francfranc.com

02:00

강변에서 즐기는 여유로운 점심식사

위트
Huit

메구로가와 바로 옆에 위치한 유럽 요리 전문점. 맛있는 음식과 분위기 덕분에 언제나 손님들로 붐빈다. 11:45부터 15:00에는 플레이트 · 파스타 · 샌드위치 · 샐러드 · 카레 중 하나를 선택해 맛볼 수 있는 런치 세트(1080엔)가 인기이며 각각의 메뉴는 매일 변동된다.

🚇 토큐토요코센 나카메구로역에서 도보 5분
🍴 東京都目黒区中目黒1-10-23リバ―サイドテラス1F
🕐 11:45~24:00(일 · 공휴일 ~22:00)
📞 03-3760-8898
🏠 ctn139.com/shop_huit.html

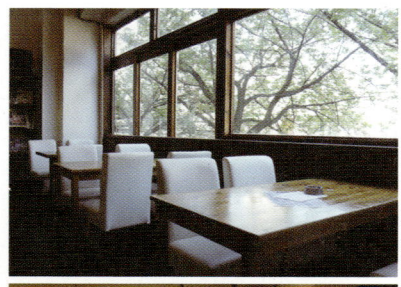

플레이트 런치 세트와 파스타 런치 세트의 메인 요리. 샐러드와 음료가 함께 제공된다.

마더 에스타
マザーエスタ

채소 본연의 맛을 살린 요리를 맛볼 수 있는 곳. 시원하게 바람이 통하는 실내에서 식사를 하고 있으면 몸과 마음이 모두 건강해지는 느낌이다. 점심시간에는 다양한 런치 메뉴를 제공하는데 그중에서도 플레이트 런치 세트(1250엔)가 가장 인기. 플레이트 한가득 지금 계절에 가장 맛있는 메인 요리와 신선한 채소를 맛보자.

📍 토큐토요코센 나카메구로역에서 도보 15분
🍴 東京都目黒区青葉台2-20-14 青和ビル 1F
🕐 11:30~14:00(토 · 일 · 공휴일 ~15:00), 18:00~22:00 / 휴무 수요일
📞 03-5724-5778
💻 www.mother-esta.com

플레이트 런치 세트. 식사가 끝나면 디저트를 가져다 준다.

04:00

도심 속을 고요히 흐르는 **메구로가와 산책하기**

메구로가와

目黒川

메구로가와를 따라 길게 뻗어 있는 길은 사계절이 모두 아름다운 산책로이다. 강변에 심겨 있는 나무는 모두 벚꽃나무로 봄이면 하얗게 내린 벚꽃 잎이 메구로가와의 강물을 타고 내려가는 장관을 감상할 수 있다. 물론 이 시기에는 도쿄의 여느 벚꽃 명소들과 마찬가지로 어마어마한 인파가 몰려 메구로가와다운 '여유로움'은 느끼기 힘드니 주의할 것. 강변에는 독특하면서도 고급스러운 상점이 늘어서 있어 마음에 드는 가게를 찾아 구경하는 재미도 있다.

① 봄의 메구로가와.
② 강변 곳곳에 근처 초등학교 학생들이 그린 '쓰레기
투기 금지' 포스터가 붙어 있다.

메구로가와에서 느긋한 쇼핑

메구로가와에는 산책하다가 들르기 좋은 여유롭고 독특한 분위기의 상점이 많다. 강변을 따라 걷다가 잠시 쉬어가고 싶을 때 들르면 좋은 상점 두 곳을 소개한다.

트래블러스 팩토리
TRAVELER'S FACTORY

1층은 여행관련 상품들이 있으며 2층은 카페 겸용 전시 공간으로 꾸며져 있다. 트래블러스 노트에서 운영. 심플한 가죽 노트 커버에 속지를 끼워 자신만의 맞춤 노트를 제작할 수 있다.

🗺 토큐토요코센 나카메구로역에서 도보 3분
🚶 東京都目黒区上目黒3-13-10
🕐 12:00~20:00 / 휴무 화요일
☎ 03-6412-7830
🏠 www.travelers-factory.com

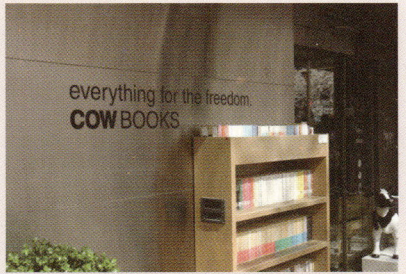

카우북스
COW BOOKS

소처럼 느긋한 시간을 즐길 수 있는 서점. 신간도 판매하고 있으나 주력 상품은 소장가치 높은 중고 서적들이다. 보통 중고 서점 하면 눅눅한 종이 냄새가 나는 낡은 곳을 떠올리지만 카우북스는 모던한 인테리어에 책장 가득 꽂혀있는 빛바랜 책들이 묘한 조화를 이루고 있다. 공식 홈페이지에서 보유 도서 정보를 볼 수 있으니 미리 확인하면 좋다.

📍 토큐토요코센 나카메구로역에서 도보 5분
🏠 東京都目黒区青葉台1-14-11
🕐 12:00~20:00 / 휴무 월요일
📞 03-5459-1747
🌐 www.cowbooks.jp

카우북스의 상징인 젖소.

타치도토 미치코의 따뜻한 아틀리에

콜로보클
colobockle

특유의 감성과 독특한 그림체로 큰 사랑을 받
고 있는 그림책 작가 타치모토 미치코의 아틀
리에. 빈티지한 느낌의 하얀 건물 안에는 타치
모토가 표현하고자 했던 그림책 속 세계가 고
스란히 표현되어 있다. 그림책과 귀여운 인형.
문구 등 아이부터 어른까지 모두가 갖고 싶어
할 만한 제품으로 가득하다. 카운터 뒤쪽으로
는 타치모토의 작업실이 있다. 평소에는 아틀
리에 관리인이 자리를 지키고 있지만 가끔 타
치모토 본인이 있을 때도 있다.

📍 토큐토요코센 나카메구로역에서 도보 5분
🏃 東京都目黑区中目黑1-1-54
🕐 목~금 12:00~19:00
☎ 03-3714-7393
🏠 www.colobockle.jp

TIP

colobockle은 어린이 멀티미디어를 제작하는 레이블이다. 인기 일러스트레이터와 그림책 작가들의 작품을 한데 모아 무크지 Pooka+도 발간하고 있다.

타치모토 미치코의 작업실

89

츠타야 서점

蔦屋書店

도쿄 여행의 꽃 다이칸야마에서 가장 주목받고 있는 핫 플레이스. 복합 문화 공간 T-사이트와 구름다리로 연결된 2층 높이 3개의 건물에 인문·문학, 인테리어·디자인, 사진·요리, 여행 등 테마에 맞춰 다양한 문화 콘텐츠를 진열하고 있다. 일본 내에서도 압도적인 컬렉션을 자랑하는 음악 층과 영화 층이 특히 인기.

📍 토큐토요코센 다이칸야마역 정면 출구어서 도보 7분
🏃 東京都渋谷区猿楽町16-15
🕐 07:00~22:00 / 연중무휴
☎ 03-3770-2525

테노하 다이칸야마
TENOHA DAIKANYAMA

라이프스타일숍, 레스토랑, 카페가 모여 있는 도심 속 오아시스. 푸른 녹음에 둘러싸인 입구를 지나면 아담한 정원이 보인다. 정원을 둘러싸고 가구 · 조명 · 식기 등 인테리어 용품과 패션 · 식품 아이템을 폭넓게 취급하는 라이프스타일숍이 있고 그 맞은편으로 제철 재료로 요리하는 이탈리안 레스토랑과 이탈리아 유명 커피숍 본돌피 본카페가 마주 보고 있다.

📍 토큐토요코센 다이칸야마역 서쪽 출구에서 도보 3분
🏠 東京都渋谷区代官山町20-23
🕐 11:00~20:00(가게마다 상이) / 연중무휴
📞 0120-625-109
🔗 http://tenoha.jp

다이칸야마 먹거리 로드

다이칸야마에는 구매 욕구를 자극하는 숍뿐만 아니라 식욕을 자극하는 스폿도 매우 많다. 최근 SNS에서 유행하고 있는 유명 디저트부터 살짝 배가 고파졌을 때 부담 없이 먹기 좋은 타코야끼까지 다이칸야마의 먹거리를 소개한다!

본돌피 본카페
bondolfi boncaffe

로마에 본점을 둔 카페. 이탈리아식 진한 에스프레소(250엔)를 맛볼 수 있기로 유명한 이곳에서 또 한 가지 반드시 맛봐야 할 것이 있다. 바로 아라고스타 소프트(アラゴスタソフト, 600엔)! 바삭한 빵 안에 커스터드 크림을 가득 채우고 그 위에 바닐라 혹은 에스프레소 아이스크림을 듬뿍 올려주는 디저트로 큰 인기를 끌고 있다. 달콤한 당분을 충전하고 싶다면 본돌피 본카페로 가보자!

📍 토큐토요코센 다이칸야마역 정면 출구에서 도보 5분
🍴 東京都渋谷区代官山町20-23 TENOHA代官山
🕐 10:00~23:00
📞 03-3464-3720
🔖 tenoha.jp/bondolfi-boncaffe

얼스 카페
Urth Caffé

옛 방식을 이용해 커피를 재배하여 건강한 커피를 제공하는 오가닉 카페. 커피뿐만 아니라 다른 음료와 디저트도 오가닉을 고수하고 있는데 특히 과일 세 종류를 직접 선택해서 맛볼 수 있는 스무디(720엔)가 특히 맛이 좋다. 과일은 바나나, 오렌지, 파인애플, 망고, 파파야, 딸기, 키위, 사과가 있으며 한 종류의 과일로만 맛보고 싶다면 400엔을 더 지불해야 한다.

📍 토큐토요코센 다이칸야마역 서쪽 출구에서 도보 3분
🍴 東京都渋谷区猿楽町8-9
🕐 10:00~22:00
📞 03-5784-3301
🌐 www.urthcaffe-japan.com

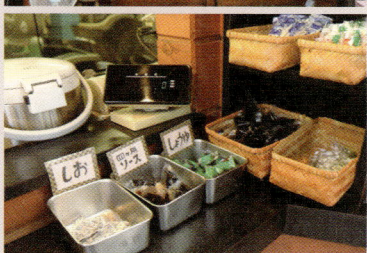

엔
えん

고급스러운 느낌의 거리 사이에 어색하게 서 있는 타코야키 가게. 외관만 봐서는 그냥 지나치기 쉬운 곳이지만 사실 이곳은 현지인 사이에서는 제법 유명한 타코야키 맛집이다. 바삭한 표면과 대조되는 부드러운 속, 그리고 쫄깃하게 식감이 살아있는 문어는 한 번 맛보면 잊을 수 없다. 가볍게 먹기 좋은 4개 세트(280엔)와 살짝 배가 고파졌을 때 먹기 좋은 8개 세트(540엔)가 있다.

엔에서는 타코야키 위에 아무것도 얹어 주지 않는다. 사진은 카운터 앞에서 원하는 소스를 가지고 와서 뿌려 먹자. 아래층 왼쪽부터 소금, 4개용 소스, 간장, 8개용 소스, 김. 위층 왼쪽부터 마요네즈, 시치미(고춧가루와 같은 매운 소스).

📍 토큐토요코센 다이칸야마역 서쪽 출구에서 도보 3분
🍴 東京都渋谷区代官山町16-2
🕐 11:00~19:00 / 휴무 화요일
📞 03-3463-2621
🌐 homepage2.nifty.com/enweb

08:00

정성이 가득 담긴 **돈가스를 맛보자**

키무카츠
キムカツ

얇게 썬 로스 25장을 겹쳐 만든 새로운 스타일의 돈가스로 유명한 키무카츠의 본점. 밀푀유카츠라고도 불리는 키무카츠의 돈가스는 돼지의 맛있는 부분을 얇게 떠서 겹겹이 쌓아 올린 후 튀기기 때문에 고기 사이사이에 차 있는 육즙과 씹는 맛이 일품이다. 심플하면서도 고급스러움이 묻어나는 외관에 최근 리뉴얼 공사를 거친 실내 는 한층 더 깔끔하고 감각적으로 변신했다. 육즙 가득한 부드러운 돈가스에 가게 분위기까지 좋아 특히 여성들에 게 인기가 많으며 각종 매체에서 자주 소개되고 있다. 돈가스는 밥과 장국, 양배추가 함께 나오는 세트를 주 문할 시 1980엔이며 양배추와 돈가스만 나오는 단품은 1500엔이다.

📍 JR 에비스역 동쪽 출구에서 도보 5분
✖ 東京都渋谷区恵比寿4-9-5
🕐 월~목 11:00~15:30, 17:30~23:00, 금 · 토 · 공휴일 전날 11:00~23:00, 일 · 공휴일 11:00~23:30
☎ 03-5420-2929
🏠 www.kimukatsu.com

테이크아웃용으로 판매하는 카츠산도(カツサンド, 700엔). 부드러운 식빵과 하나가 된 듯 돈가스도 굉장히 부드럽다. 안에 들은 돈가스가 꽤 두껍지만 이러한 일체감 덕분에 분해되지 않고 깨끗하게 맛볼 수 있다.

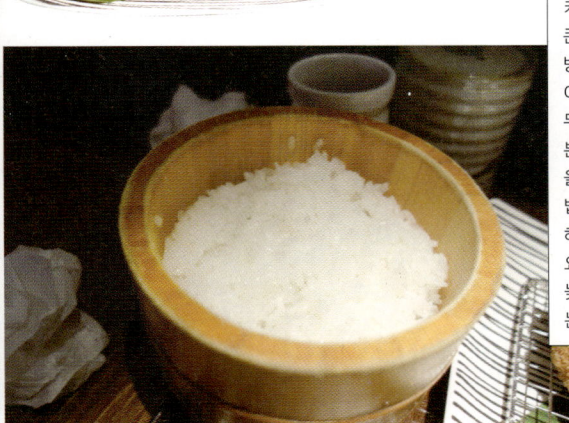

TIP

키무카츠에서는 밥을 짓는 데도 큰 정성을 쏟고 있다. 일일이 재배 방법까지 지정하여 재배한 쌀을 이용하여 밥을 지으며, 미리 지어 두지 않고 돈가스가 튀겨지는 15분에 맞춰 주문이 들어온 순간 밥을 짓기 시작한다. 그래서 갓 지은 밥과 두터운 돈가스를 맛보기 위해선 15분 이상의 대기 시간이 필요하므로 다른 음식점보다 음식이 늦게 나오더라도 느긋하게 기다리는 여유가 필요하다.

에비스의 랜드마크에서 보는 **도쿄의 마지막 야경**

에비스 가든플레이스타워
恵比寿ガーデンプレイスタワー

1991년 도심재개발사업의 일환으로 삿포로 맥주의 에비스 공장 부지를 개발해 1994년 에비스 가든플레이스가 탄생했다. 넓은 부지의 약 60%가 광장과 공원 등 오픈 공간으로 조성되어 여유롭게 산책하기 좋고, 높게 솟아있는 타워빌딩에서는 무료로 야경을 볼 수 있어 데이트 장소로 인기이다. 가든플레이스타워에서 야경을 보고 싶다면 38층과 39층의 레스토랑가로 바로 올라가는 직통 엘리베이터를 이용하도록 하자. 엘리베이터 창밖으로 아득히 멀어지는 지면을 바라보고 있으면 금세 레스토랑 가에 도착하게 되는데, 엘리베이터에서 내리자마자 오른쪽을 보면 넓은 유리창 너머로 아름답게 빛나는 시부야, 신주쿠 방면의 전망을 감상할 수 있다.

📍 JR 에비스역 동쪽 출구에서 스카이워크로 5분
🚶 東京都渋谷区恵比寿4-20恵比寿ガーデンプレイス内
🕐 11:30~23:00
☎ 03-5423-7111
🏠 gardenplace.jp

레스토랑가로 올라가는 직통 엘리베이터. 가든플레이스타워 정문으로 들어가면 오른쪽에 직통 엘리베이터(直通エレベーター) 방향을 알려주는 표지판이 있으니 따라갈 것.

TIP

에비스 가든플레이스타워 바로 앞에 있는 비어 스테이션(ビヤステーション). 에비스 생맥주 판매량 전 세계 1위를 자랑하는 대규모 비어홀로 잠시 들러 간단한 안줏거리와 함께 에비스 맥주(한 잔에 594~604엔)를 맛보기 최적의 장소이다.

일본 5대 맥주 파헤치기

지금은 한국의 편의점에서도 손쉽게 찾을 수 있는 일본 맥주. 깊이 있는 맛과 여러 고객층의 취향을 만족하게 할 수 있는 다양성 덕분에 세계적으로도 큰 사랑을 받고 있다.

일본에 맥주가 본격적으로 보급되기 시작한 것은 1800년대 후반. 덴마크 칼스버그 사의 기술을 빌려 일본인의 손에 의해 만들어지기 시작한 맥주는 대기업의 독점에 의해 대량생산이 가능하게 되며 전국으로 뻗어 나가게 되었다. 이때까지 식탁에서 자주 볼 수 있었던 와인은 맥주의 대중화에 의해 그 자리를 내주게 되었다.

현재는 법률 규제 완화로 지역 맥주와 소규모 브루어리의 크래프트 맥주까지 증가하고 있는 일본! 수없이 많은 맥주 중에서 오랜 세월 일본의 5대 맥주로 손꼽히고 있는 대표 브랜드를 소개한다.

기린
キリン

19세기 후반에 만들어져 130년 가까운 세월동안 사랑받아온 브랜드. 기린 맥주의 원점이라고 할 수 있는 라거 비어(ラガービール)와 클래식 라거(クラシックラガー)를 필두로 세계적으로도 큰 사랑을 받고 있는 상표를 다수 보유하고 있다.

아사히
アサヒ

한국에서도 쉽게 찾아볼 수 있는 슈퍼 드라이 (スーパードライ)를 비롯하여 세련된 맥주 라 인이 많다. 2011년에는 맥주계의 오스카상이라 고 불리는 'BIIA'에서 금상을 수상하는 등 맛과 품질 모두 세계적으로 인정받고 있는 브랜드다.

삿포로
サッポロ

19세기 후반에 삿포로에서 만들어진 브랜드. '엄 선한 원료를 이용하여 맥주를 만들겠다'는 신념 으로 보리 생산자와 합심하여 직접 재배를 하는 등 원료 조달에 열의와 정성을 쏟는 메이커.

에비스
ヱビス

기린 · 삿포로와 함께 19세기 후반에 만들어진 에비스는 제2차 세계대전의 영향으로 한때 그 자취를 감췄으나, 1971년 맥아 100%의 맥주와 함께 당당 하게 부활하였다. 일본 내 맥주 애호가 들에게 높은 평가를 받고 있는 실력파 브랜드.

산토리
サントリー

더 프리미엄 몰츠(ザ · プレミアム · モル ツ)를 출시하여 프리미엄 맥주의 장을 연 산토리. 그 외에도 획기적이며 신선한 기 획으로 다양한 제품을 만들어내고 있다. 일본 맥주 사이에서는 가장 새로움을 추 구하는 브랜드다.

일본의 정원

일본에서 여행을 하다 보면 항상 느끼는 것이 하나 있다. 우리나라에서 흔히 볼 수 있는 주거형태인 아파트 대신 개인 주택이 많으며 주택마다 정원이 예쁘게 꾸며져 있다는 점이다. 마당이 좁은 집은 화분을 이용해 다양한 식물을 키우기도 하며 집 옆 작은 땅도 허투루 쓰지 않고 오밀조밀 예쁘게 꽃을 심는다. 이러한 정원을 구경하는 것은 일본을 산책하는 즐거움 중 하나이다.

일본 정원의 특징

일본의 정원은 자연을 소중히 여기는 마음이 깃들어 있다. 정원이라는 한정된 공간 안에 자연의 세계를 표현하고자 하는 경향이 짙다. 일본의 정원에서 흔히 볼 수 있는 하얀색 모래들로 물과 파도 등을 표현하기도 하며 돌 하나를 놓아도 완벽한 조화를 위해 오랫동안 고심한 흔적이 엿보인다. 일반 가정집에서는 한정된 공간 탓에 작은 나무나 꽃 화분을 여러개 두는 것으로 자신만의 정원을 꾸미는 사람도 많은데, 이때에도 최대한 자연에 가까운 최적의 배치를 위해 고민한다.

가드닝 제품

정원을 꾸미는 사람이 많은 만큼 역사 주변을 조금만 돌아봐도 금방 꽃집을 찾을 수 있다. 예쁜 꽃이나 묘목을 구경하는 것도 즐겁고 보다보면 사고 싶어지기도 하지만 한국까지 들고 오는 데는 여러 가지 어려움이 있다. 가드닝을 좋아하거나 도전해보고 싶다면 관련 제품을 구매해 보는 건 어떨까? 꽃집에서는 기본적인 가드닝 용품부터 귀여운 소품까지 다양한 가드닝 상품을 판매하고 있다. 조금 더 전문적인 가드닝 상품을 원한다면 가드닝 용품점을 찾아보자.

일본인의 배려 문화

일본에는 유독 좁은 길이 많다. 간혹 일방통행이 아닌데도 불구하고 차 한 대만이 겨우 지나갈 수 있을 정도로 좁은 골목길도 있을 정도다. 이런 경우 조금 가다보면 반대쪽에서 차가 와서 '외나무다리'에서 맞닥뜨리는 것과 같은 상황이 연출되기도 한다. 이때 일본인들은 누가 먼저 할 것 없이 후진해서 차를 빼준다. 일본의 전철은 출퇴근 시간이 되면 플랫홈이 가득 찰 정도로 많은 사람들이 몰린다. 하지만 신기하게도 모두 질서정연하게 줄을 서서 내리는 사람이 먼저 내린 후 찬찬히 올라탄다. 또한 만원 전철에서 내리겠다는 말을 한 마디 하면 십여 명의 사람들이 모두 내려 내릴 수 있도록 도와준다.

식당에서 밥을 먹고 있을 때 아이가 큰 소리를 내며 가게 안을 뛰어다니기 시작하는 광경을 목격하는 경우가 종종 있다. 이때 대부분의 부모가 부리나케 달려와 아이의 엉덩이를 때리고 혼을 낸다. '남에게 민폐를 끼치면 안 된다(他人に迷惑をかけてはいけない).'는 생각은 일본인들에게는 굉장히 중요한 개념 중 하나이다.

이렇게 남에게 민폐를 끼치면 안 되기에 질서를 지키고 마찰이 생길 수 있는 상황에서는 한 발 물러서서 배려하는 것. 이러한 생활습관과 사고방식은 일본인들의 생활 곳곳에 녹아 있어 여행 중 자주 마주하게 되며 미소 짓게 한다.

DAY
PLUS
—
도쿄를 조금 더 즐기고 싶다면

또 다른 세계로의 여행 **도쿄 디즈니리조트**

도쿄 디즈니랜드
ディズニーランド

디즈니를 테마로 한 어트랙션을 즐길 수 있는 테마파크. 디즈니 캐릭터상품을 판매하는 기념품점과 레스토랑이 있으며 총 7개의 존으로 나눠져 있다. 디즈니씨에 비해 무서운 놀이기구가 적고 주류를 판매하지 않는다는 점에서 어린이만을 위한 디즈니 테마파크라고 생각하는 사람도 많은듯 하지만 디즈니랜드만의 아기자기하고 귀여운 감성은 어른들의 잠든 동심을 간질이기에 충분하다.

디즈니랜드를 순회하는 모노레일

🗺 도쿄역에서 JR 케이요센 이용, 마이하마역에서 하차하여 남쪽 출구에서 도보 5분
🏃 千葉県浦安市舞浜1-1
🕐 08:00~22:00(요일과 시즌에 따라 변동)
📞 0570-00-8632
🏠 www.tokyodisneyresort.jp/kr/tdl/

TIP

디즈니 리조트의 티켓인 패스포트는 디즈니 공
식홈페이지와 한국의 대행구매 사이트에서 미
리 구매를 하거나 방문 당일에 디즈니리조트에
서 직접 당일권을 사는 방법이 있다. 주말엔 티
켓매표소부터 매우 붐비기 때문에 미리 구입해
두면 입장하는 데까지 시간을 아낄 수 있다. 요
금은 공식홈페이지에서 확인 가능하다.

www.tokyodisneyresort.jp/kr/ticket/

도쿄 디즈니 시
ディズニーシー

이름 그대로 해변에 위치한 디즈니 테마파크. 어트랙션과 함께 조화를 이루고 있는 다양한 테마의 건축물들은 마치 유럽에 와있는 듯한 기분이 들게 한다. 식당에서 주류를 판매하고, 기념품숍에서 커피를 판매하는 등 디즈니랜드와는 달리 어른들에게 로맨틱한 매력을 어필하는 테마파크이다. 또한 타워 오브 테러, 센터 오브 더 어스와 같이 스릴 넘치는 어트랙션도 많다.

📍 도쿄역에서 JR 케이요센 이용, 마이하마역에서 하차하여 남쪽 출구에서 도보 13분, 모노레일을 이용하면 9분(260엔)
🏠 千葉県浦安市舞浜1-13
🕐 08:00~22:00(요일과 시즌에 따라 변동)
📞 0570-00-8632
🏠 www.tokyodisneyresort.jp/kr/tds/

디즈니 시에서만 만날 수 있는 더피. 더피 관련 굿즈도 디즈니 시에서만 구매할 수 있다!

TIP

디즈니랜드와 디즈니 시의 인기 놀이시설 입구에 있는 발권기에 패스포트를 넣으면 탑승 예정 시간이 찍힌 패스트패스를 받을 수 있다. 긴 줄을 서지 않고 예정 시간에 맞춰 가면 입장할 수 있어 유용하다. 발권 받은 패스트패스를 사용하기 전까지는 중복해서 패스트패스를 발권할 수 없으니 계획을 잘 세워서 사용할 것!

① 당첨자 한정 공개 쇼를 볼 수 있는지 당첨 여부를 확인하는 곳. 안에 설치된 기계에 티켓의 QR코드를 인식시키면 된다. 당첨 티켓 1매당 쇼 입장권 1매이므로 동반인이 있는 경우 함께 당첨 여부를 확인해야 한다.
② 미스테리어스 아일랜드에서 판매하는 호빵. 다진 고기와 야채로 채워져 있다.

자연과 인공의 조화를 느낄 수 있는 곳 **오다이바**

레인보우 브릿지
レインボーブリッジ

총 길이 798m에 달하는 오다이바의 명물 다리. 레인보우 브릿지라는 이름은 공모를 하여 선정된 이름으로 정식 명칭은 '도쿄코 렌라쿠바시(東京港連絡橋)'이다. 여러 드라마·영화의 배경이 되기도 하여 언제나 많은 관광객으로 북적인다. 레인보우 브릿지는 전망데크에서 바라봐도 좋고 직접 건널 수도 있다. 전망데크에는 또 하나의 명물인 자유의 여신상도 있어 포토 스폿으로도 사랑받고 있다. 생각보다 작은 크기에 실망할지도 모르지만 오다이바의 상징인 만큼 안 들르고 지나치기엔 서운한 곳이다.

TIP

유리카모메 시바우라후토역에서 레인보우 브릿지에 설치된 프롬나드로 갈 수 있다. 날씨가 좋은 날에는 오다이바와 후지산의 전경을 한 눈에 담을 수 있다. 도중에 화장실과 매점, 자동판매기가 없으니 참고할 것. 09:00부터 21:00까지(11~3월 10:00~18:00) 이용 가능하며 셋째 주 월요일과 연말연시, 바람이 강한 날에는 이용할 수 없다.

레인보우 브릿지 프롬나드

덱스 도쿄 비치
デックス東京ビーチ

1996년 오다이바의 다양한 복합 쇼핑몰 중 가장 먼저 문을 연 오다이바의 터줏대감이다. 도쿄만의 여객선을 모티브로 설계한 독특한 건물 내에는 150여 개의 숍과 레스토랑, 어뮤즈먼트 시설이 입점해 있다.

📍 유리카모메 오다이바카이힌코엔역에서 도보 2분
🍴 東京都港区台場1-6-1
🕐 11:00~23:00
☎ 03-5500-5050
🏠 www.odaiba-decks.com

타코야키 가게 7곳이 모여 있는 곳. 모두 타코야키의 본고장인 오사카에 본점을 둔 가게들이다. 시사이드몰 4층에 위치.

도쿄의 1960대 시가지를 그대로 재현한 쇼핑센터. 옛날 느낌이 나는 독특한 물건을 판매하고 있다. 시사이드몰 4층에 위치.

다이바시티 도쿄 플라자
ダイバーシティ東京プラザ

광장에 있는 1:1 사이즈의 건담으로 유명한 곳. 이 거대 건
담은 정해진 시간이 되면 소리를 내며 움직이는 장관을 연
출한다. 건담이 움직이는 모습을 보고 싶다면 건담프론트
도쿄 홈페이지에서 스케줄을 확인하자. 그 외에도 150점
이상의 쇼핑 스폿과 엔터테인먼트 시설, 레스토랑이 들어
서 있어 다양한 즐거움을 선사한다.

📍 유리카모메 다이바역에서 도보 5분
🚉 東京都江東区青海1-1-10
🕐 쇼핑 10:00~21:00, 푸드코트 10:00~22:00,
　레스토랑 11:00~23:00
📞 03-6380-7800
🖥 www.divercity-tokyo.com

다이바 시티 7층에 있는 건담프론트 도쿄(gundamfront-
tokyo.com/kr), 생동감 넘치는 건담을 체험할 수 있는 엔터
테인먼트 공간이다. 6대의 3D 프로젝터와 13대의 스피커
가 설치된 특설 거대 돔 DOME-G, 건담 캐릭터의 사진이
진열되어 있는 캐릭터 포토스폿 등 볼거리가 풍부하다. 입
장료는 1200엔(초중학생 1000엔)이다. 2층에는 부설 건담
카페도 있다.

후지테레비
ダイバーシティ東京プラザ

오다이바를 상징하는 랜드마크. 메탈 느낌의 독특한 외관과 우주선이 건물 사이에 들어앉은 듯한 대형 구체 전망대 하치타마(はちたま)가 인상적이다. 방송국의 주요 시설은 일반인의 출입이 금지되어 있지만, 25층 전망대를 비롯한 일부 시설은 개방해 방문객을 맞이하고 있다.

TIP
후지테레비에 도착하면 제일 먼저 1층의 인포메이션 센터에서 견학 안내 책자를 받아 튜브 에스컬레이터를 타고 7층으로 이동한다. 7층에 티켓판매소가 있는데 스탬플러리 시트를 받아 스탬프가 놓여있는 스폿을 기준으로 동선을 짜면 쉽게 돌아볼 수 있다. 총 5곳에 숨어있는 스탬프를 다 모으면 후지테레비의 공식 마스코트인 파란색 강아지 라후가 완성되고 1층 인포메이션센터에서 소정의 상품을 받을 수 있다.

📍 유리카모메 다이바역에서 도보 3분
🏢 東京都港区台場2-4-8
🕙 10:00~18:00(휴무 월요일)
📞 0180-993-188
🌐 www.fujitv.co.jp/gotofujitv

비너스포트
VenusFort

오다이바의 핵심 쇼핑 시설인 비너스포트는 가족과 펫을 위한 비너스 패밀리(1층), 최신 퍼션·코즈메틱 숍이 밀집한 비너스 그랜드(2층), 독특한 개성을 자랑하는 하이브리드형 아웃렛 몰 비너스 아웃렛(3층)으로 구성되어 있다. 특히 비너스 포트를 대표하는 공간인 비너스 그랜드는 17~18세기 유럽의 거리를 본뜬 거리에 로마의 트레비 분수가 연상되는 분수광장, 진실의 입, 카지노 비너스 등이 배치되어 이국적인 분위기가 매력적이다.

📍 유리카모메 다이바역에서 도보 5분
🍴 東京都江東区青海1-1-10
🕐 쇼핑 10:00~21:00, 푸드코트 10:00~22:00,
　레스토랑 11:00~23:00
☎ 03-6380-7800
🏠 www.Venusfort.co.jp

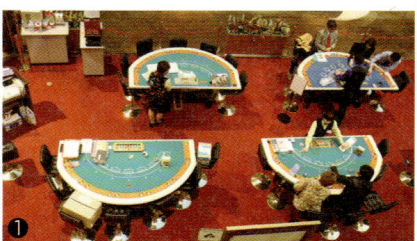

① 실제 돈을 걸고 게임을 하는 것이 아닌, 전문 딜러의 설명을 들으며 카지노 체험을 할 수 있는 카지노 비너스(Casino venus). ② 비너스 그랜드의 천장은 3층까지 시원하게 뚫려 있으며 특수 조명을 설치해 시간의 흐름에 따라 푸른 하늘, 저녁노을, 깊은 밤을 연출한다.

다이칸란샤

大観覧車

지름이 자그마치 100m에 달하는 대관람차(920엔). 8가지 색깔로 구분된 64대의 곤돌라가 한 바퀴 일주하는 데 걸리는 시간은 16분 정도이다. 낮에는 평범해 보이지만, 밤이 되면 화려한 네오 조명이 불을 밝혀 오다이바의 분위기를 한층 매혹적으로 만든다. 사방이 투명한 폴리카보네이트 재질의 시스루 곤돌라는 인기가 많아 줄을 따로 서야 할 때도 있다.

📍 비너스 포트 바로 옆
🚃 東京都江東区青海1-3-10
🕐 10:00~22:00(금·토·공휴일 전날 ~23:00)
🏠 www.daikanransha.com

TIP

오다이바 여행의 발이 되어주는 유리카모메. 승무원이 없는 무인궤도주행 시스템을 채택한 독특한 교통수단이다. 기본요금은 190엔이며 이동구간에 따라 380엔까지 할증된다. 하루종일 유리카모메를 타고 오다이바의 주요지역을 돌아볼 계획이라면 유리카모메 1일승차권(820엔)이 경제적이다.

🏠 www.yurikamome.tokyo/ko

미리 보는 **도쿄 축제**

하나미
花見

벚꽃이 피는 시기가 가까워지면 일
본의 뉴스들은 일제히 벚꽃 개화 상
태를 알리느라 분주해진다. 보통 3
월 말부터 4월 초 사이이다.

TIP

도쿄의 축제를 한눈에
체크하고 싶다면 www.
gotokyo.org/eventlist/
ko/list를 확인할 것!

스미다가와 하나비타이카이
隅田川花火大会

도쿄 최대 규모의 불꽃놀이대회. 불꽃 제작 회
사들의 작품들로 구성된 2만 발의 불꽃이 도쿄
의 밤하늘을 수놓는다.

🏠 sumidagawa-hanabi.com

도쿄국제영화제
東京国際映画祭

일본의 대표적인 영화제로 약칭은 TIFF. 매년
10월에 개최된다. 록폰기힐스(六本木ヒルズ)
와 신주쿠 다수의 영화관이 메인 무대이다.

🏠 tiff-jp.net

일본 관광의 필수 코스 **드럭스토어**

마츠모토키요시
マツモトキヨシ

명불허전 도쿄에서 가장 자주 마
주치는 드럭스토어.

 www.matsukiyo.co.jp

TIP
드럭스토어는 같은 브랜드여도
지점마다 모두 가격이 다르다는
사실! 시세이도 퍼펙트휩의 경
우 지점에 따라 크게는 80엔 가
까이 차이가 나기도 하니 구매
전에 반드시 가격을 확인할 것.

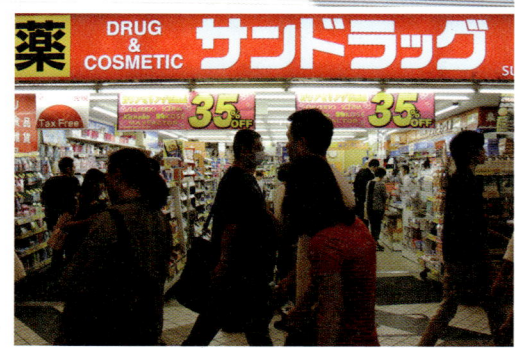

산도락구
サンドラッグ

마츠모토키요시에 비해 좀 더 저렴한 편.

www.sundrug.co.jp

추천! 드럭스토어 아이템

시세이도 퍼펙트휩
SHISEIDO Perfect Whip

인기 최고인 폼 클렌징. 적은 양
만 사용해도 생크림처럼 부드럽
고 풍성한 거품이 난다.

리후레아
リフレア

강력한 차단·지속 효과를 가진
데오도란트. 연고 타입부터 롤,
크림까지 다양한 제형이 있다.

시 브리즈
SEA BREEEZE

땀을 흘린 뒤 유용한 아이템. 알
코올 성분과 내장된 파우더가
보송보송하게 마무리해준다.

증기 아이 마스크
蒸気でアイマスク

눈에 붙이면 따뜻해지는 향기로
운 아이 마스크. 눈이 지쳤을 때
피로를 풀어주기 좋다.

아이봉
アイボン

안구 세정제. 눈 속에 들어있는
이물질이나 메이크업 잔여물을
씻어낼 때 유용하다.

카베진 코와α
キャベジンコーワα

위의 점막을 튼튼하게 보호하고
운동을 촉진하여 약해진 위의
기력을 회복해주는 위장약이다.

로이히 쓰보코
ロイヒ つぼ膏

동그라미 모양의 파스로 동전
파스라는 별칭으로 불린다. 작아
서 혼자서도 붙이기 쉽다.

사카므케아
サカムケア

젤 타입의 상처 코팅제. 상처에
바르면 딱딱하게 굳기 때문에
물에 닿아도 따갑지 않다.

해열 시트
熱さまシート

수건을 갈 필요 없이 이마에 붙
이면 되는 편리한 해열 시트. 어
른용, 어린이용이 있다.

공항에서 만날 수 있는 **도쿄 인기 선물**

로이스
ROYCE'

선물로 인기가 많은 로이스의 초콜릿. 그중에서도 짭짤한
감자 칩에 달콤한 초콜릿이 묻어있는 로이스 포테이토칩
초콜릿(ROYCE' POTATOCHIP CHOCOLATE)과 생 초콜
릿인 로이스 나마 초콜릿(ROYCE' NAMA CHOCOLATE)
이 특히 인기가 많다.

히요코
ひよ子

병아리 모양의 귀여운 생김새에 맛도 좋아 오
랫동안 인기 선물로 사랑받아온 만주. 1912년
후쿠오카현에서 태어난 100년 전통의 과자다.

도쿄바나나
東京ばな奈

도쿄 선물의 대표 주자. 부드러운 바나나 모양의 빵 안에 달콤한 바나나향 크림이 들어 있다. 매번 귀여운 패키지의 한정판을 공개하며 여심저격을 톡톡히 하고 있다.

자매품 쇼콜라 브라우니
(ショコラブラウニー)

메리 초콜릿
メリーチョコレート

1950년 도쿄 아오야마에서 개업한 일본의 초콜릿 메이커. 메리라는 여자 아이 마크가 그려진 패키지가 인상적이다. 퀄리티에 비해 가격도 적당한 편으로 선물용으로 제격이다.

킷캣
Kit Kat

킷캣은 한국에서도 구하기 쉬운 편에 속하는 과자지만 일본에서만 파는 한정판은 충분히 매력적이다.

시가르
シガール

엽궐련 모양을 한 과자로 버터의 향이 풍부하며 아삭 하고 씹는 식감이 좋다. 그 외에도 홍차 향이 나는 것과 안에 화이트 초코를 채운 것이 있다.

비오는 날에도 쇼핑하기 좋은 **신주쿠 백화점**

케이오백화점
京王百貨店

오다큐백화점과 함께 JR 신주쿠역 서쪽 출구에 자리 잡고 있는 백화점. 여느 백화점과 달리 브랜드 매장에 의존하지 않고 자사 PB 상품을 집중적으로 개발하고, 마케팅을 적극적으로 펼치는 것으로 유명하다.

📍 JR 신주쿠역 서쪽 출구에서 바로 연결
🕐 10:00~20:30(일 · 공휴일 ~20:00)
📞 03-3342-2111
🏠 info.keionet.com/shinjuku

타카시마야 타임스퀘어
高島屋タイムズスクエア

타카시마야백화점과 도큐핸즈, 키노쿠니야서점, 영화관 등 대형 전문점이 한자리에 모여 있는 초대형 복합 쇼핑몰. 최고급 명품 브랜드부터 캐주얼 브랜드까지 모두 갖추고 있어서 원스톱 쇼핑이 가능하다. 다른 백화점들에 비해 지하통로로 이동하기 조금 복잡하다.

📍 JR 신주쿠역 신 남쪽 출구에서 바로 연결
🕐 10:00~20:00(금 · 토 ~20:30)
📞 03-5361-1111
🏠 www.takashimaya.co.jp/shinjuku

루미네 1
LUMINE 1

신주쿠역에는 각 출구마다 각기 다른 루미네가
있어서 헷갈리기 쉬우니 주의가 필요하다. 게이
오 바로 옆에 있는 것이 루미네1관. 고감도 셀렉
트숍과 인기 카페, 레스토랑이 들어서 있으며
패션 플로어는 22:00까지, 레스토랑과 서점은
23:00까지 운영해 늦은 시간에도 쇼핑하기 좋다.

📍 JR 신주쿠역 서쪽 출구에서 바로 연결
🕐 11:00~22:00(토 · 일 · 공휴일 10:30~)
📞 03-3348-5211
🏠 www.lumine.ne.jp/shinjuku

신주쿠 미로드
SHINJUKU MYLORD

오다큐백화점과 연결되어 있으며 10~20
대 초반 여성들에게 어필할 수 있는 개성
있는 가게가 모여 있다.

📍 신주쿠역 남쪽 출구에서 바로 연결
🕐 10:00~21:00
📞 03-3349-5611
🏠 www.shinjuku-mylord.com

신주쿠 알타
SHINJUKU ALTA

신주쿠에서 가장 인기 있는 만남의 장소. 10대 여자아이들이
좋아할 만한 개성 있는 패션몰이 들어서 있고, 지하에는 카페
와 편의점, 아울렛 잡화 등이 있다.

📍 JR 신주쿠역 동쪽 출구에서 왼쪽으로 걷다
　　가 나오는 계단을 내려가서 바로(B13)
🕐 11:00~20:30
📞 03-3350-5500
🏠 www.shinjuku-mylord.com

오다큐백화점
小田急百貨店

신주쿠역 바로 위에 있는 종합 백화점. 숙
녀복 중심의 패션 매장이 많아 여성 고객
들이 많이 찾는 편이며 지하 2층의 식료
품관이 유명하다.

📍 JR 신주쿠역 서쪽 출구에서 바로 연결
🕐 10:00~20:30(일 · 공휴일 ~20:00)
📞 03-3342-1111
🏠 www.odakyu-dept.co.jp/shinjuku

이세탄

伊勢丹

신주쿠도리에서 가장 눈에 띄는 아르더 코 양식의 대형 백
화점. 어느 백화점들 보다도 고급스러운 느낌이 강한 곳이
다. 2013년에 80주년을 맞이하여 지하 2층, 지상 1~4층을
리뉴얼 오픈하였다. 지하에 있는 식품관의 음식들이 모두
맛있기로 유명하다.

JR 신주쿠역 동쪽 출구에서 왼쪽으로 걷다가 나오
는 계단을 내려가서 B3 · 4 · 5과 바로 연결
10:30~20:00
03-3352-1111
isetan.mistore.jp/store/shinjuku

마루이

OIOI

신주쿠도리 중심부에 위치한 마루이 본관을 중심으로
테마에 맞춰 별관이 흩어져 있다. 본관은 캐리어 우먼
대상 레이디즈, 마루이 카렌은 저렴한 퍼스트 패션, 마
루인 원은 트렌드 패션, 마루이 아넥스는 대중적인 트
렌드 패션, 마루이 맨은 세련된 맨즈로 구성되어 있다.

JR 신주쿠역 동쪽 출구에서 왼쪽으로 걷다가 나오는
계단을 내려가서 B9와 바로 연결
11:00~21:00(일 · 공휴일 ~20:30)
03-3354-0101
www.0101.co.jp/stores/guide/store980.html

신주쿠 이세탄 데파치카 탐험

백화점 지하를 의미하는 데파토치카(デパート地下)의 줄임말인 데파치카. 이 데파치카는 맛있는 먹거리로 가득하다. 디저트부터 반찬류까지 인기 있는 체인점이 입점하여 진열장을 채우고 있다. 데파치카를 돌아 보는 것만으로 요즘 가장 핫한 디저트와 일본 고유의 반찬을 구경할 수 있어 보는 재미가 쏠쏠하다. 그중 특별히 눈길이 가는 것이 있다면 사서 호텔에서 먹는 것도 또 하나의 즐거움이 될 것이다!

피낭시에
フィナンシェ

노아 드 부르(noix de beurre)의 대표 과자. 겉은 바삭하고 속은 촉촉한 피낭시에이다. 가격은 1 개에 216엔, 5개에 1404엔으로 저렴한 편은 아 니지만, 선물용으로 추천할 만하다.

난도그
ナンドッグ

인도커리에 찍어 찍어 먹기도 하는 난과 핫도그 의 합성어. 난 안에 주재료와 신선한 채소가 들 어있어 먹기 편하며 식사대용으로도 좋다. 사진 은 시타라 티아라(シターラ ティアラ)의 탄두리 치킨 난도그(648엔).

프루트펀치
フルーツポンチ

리 포르(Li Pore)의 레몬 과즙에 7종 과일을 넣어 만 든 프루트펀치. 알코올이 첨가되어 있지 않아 디저 트로 먹기 좋다. 가격은 사이즈에 따라 410엔부터 3240엔까지 다양하다.

프루트 샌드위치
フルーツサンド

유명 디저트 전문점인 센비키야(千疋屋)의 대표 디 저트. 살짝 짭짤한 식빵 안에 딸기, 키위, 파파야, 파 인애플, 생크림을 첨가한 샌드위치. 과일의 단맛을 살리기 위해 생크림은 단맛을 최소화하여 부담 없 이 맛볼 수 있다. 가격은 1080엔.

예쁜 생활용품이 가득한 **잡화 브랜드**

쓰리코인즈
3COINS

'동전 3개'라는 이름처럼 모든 제
품을 300엔(부가세 포함 324엔)에
판매하는 잡화점이다. 저렴하면서
도 예쁜 각종 소품과 인테리어 용
품을 만날 수 있다. 간혹 메이드 인
코리아 제품도 있다.

www.3coins.jp

무인양품
無印良品

'무지'라고도 하며 상표명 그대로 군더더기 없이 깔끔한 디자인에 좋은 소재를 사용한 상품을 제공한다. 의류뿐만 아니라 문구, 화장품, 생활 잡화, 인테리어 용품, 가전제품 등 생활 전반에 걸친 상품을 판매한다. 상품 외에도 음식점인 무지 밀 & 카페와 서점 무지 북스 등을 함께 배치해 문화를 소비하는 공간으로 진화하고 있다. 아시아권은 물론이고 서양인에게도 인기 있다. 몇몇 품목을 제외하면 전체적으로 한국보다 가격대가 저렴한 편이며, 면세 혜택까지 생각하면 20~30%는 저렴하게 구매할 수 있다. 할인 상품 코너도 눈여겨보자.

www.muji.com/jp

www.daiso-sangyo.co.jp/shop/detail/8646

다이소
DAISO

이름 하나만으로 일본 100엔 숍을 대표하는 브랜드. 한국의 2,000~3,000원짜리 제품이 일본에서는 대부분 100엔에 판매된다. 그릇, 잡화, 화장품, 과자 등 적당한 품질의 다양한 물건이 구비되어 있는데, 그중에서도 주방이나 청소 관련 소모품이 인기 있는 편이다.

토큐핸즈
東急ハンズ

손으로 만드는 즐거움을 추구하는 DIY 전문 쇼핑몰. 워낙 인기 있어 각종 백화점이나 대형쇼핑몰에 대부분 입점해 있다. DIY 가구, 욕실용품, 주방용품, 미용 관련 상품 등 다양한 생활용품을 쇼핑할 수 있으며, 그 밖에 목공, 미술, 공구 등과 관련된 전문용품도 잘 구비되어 있다.

www.tokyu-hands.co.jp

꿈고 · 추억을 파는 **도쿄 캐릭터숍**

디즈니 스토어
Disney store

애니메이션의 대명사 디즈니의 인기 캐릭터 상품을 판매하는 전문점. 패션 · 잡화 · 장난 감 · 문구 등 다양한 상품을 판매한다. 가격 은 우리나라에서 해외 구매 대행으로 구입하 는 것보다 약 10~30% 저렴한 편이다.

http://store.disney.co.jp

산리오 갤러리
Sanrio Gallery

헬로키티로 대표되는 산리오의 캐릭 터 상품을 판매하는 곳. 특히 기모노를 입고 있는 헬로키티 디자인, 일본 전통 문양을 가미한 상품 등 일본에서만 만 나볼 수 있는 상품이 많다. 기간 한정 으로 나온 상품도 있으니 흔한 아이템 이 싫다면 눈여겨볼 것.

www.sanrio.co.jp

돈구리 공화국
どんぐり共和国

미야자키 하야오의 애니메이션 캐릭터가 총출동한 지브리 애니 메이션 마니아의 성지이다. 매장도 아기자기하고 예쁘게 꾸며져 있어 사진 찍기도, 구경하기도 좋다.

www.benelic.com/donguri

리락쿠마 스토어
Rilakkuma store

리락쿠마는 '릴랙스'와 곰을 뜻하는 일본어 '쿠마 くま'를 합쳐 지은 이름으로, 이름에 걸맞게 언제나 느긋한 포즈를 취하고 있다.

🏠 www.san-x.co.jp/rilakkuma

포켓몬 센터
Pokemon Center

각종 포켓몬스터 관련 상품을 판매하는 전문 매장. 인형, 잡화부터 시작해 과자, 라면 등의 식품, 게임 소프트웨어까지 매우 다양한 품목을 취급한다. 특히 포켓몬 센터에서만 구입 가능한 한정판 상품들도 있으니 찬찬히 둘러보자.

🏠 www.pokemoncenter-online.com

무민 숍
MOOMIN SHOP

하마같이 생긴 무민은 북유럽 핀란드 골짜기에 사는 트롤로, 핀란드의 작가 토베 얀손의 책과 만화에 나오는 캐릭터다. 뛰어난 문학성과 예술성으로 북유럽 문화와 디자인을 상징하는 아이콘이 되었다. 원화를 비롯해 만화 이미지를 이용해 만든 인테리어 용품과 잡화를 판매하는데, 무민처럼 편안하고 따뜻한 디자인의 상품이 많다.

🏠 www.benelic.com/moominshop

스누피 타운숍
Snoopy Town Shop

미국 만화가 찰스 먼로 슐츠의 작품 〈피너츠〉의 공식 스토어이다. 작품의 주인공 찰리 브라운보다 더 인기 있는 비글 강아지 스누피와 관련된 굿즈가 압도적으로 많은 편이다. 인형과 장난감, 잡화, 기념품 등 작품처럼 친근하고 귀여운 디자인의 상품으로 가득하다.

🏠 http://town.snoopy.co.jp

3days in 도쿄

개정 1판 1쇄 2018년 5월 18일

발행인 양원석
본부장 김순미
편집장 고현진
디자인 RHK 디자인팀 이경민
해외저작권 황지현
제작 문태일
영업마케팅 최창규, 김용환, 정주호, 양정길, 이은혜, 신우섭, 유가형, 임도진, 김양석, 우정아

펴낸 곳 (주)알에이치코리아
주소 서울시 금천구 가산디지털2로 53 한라시그마밸리 20층
편집 문의 02-6443-8891 **구입 문의** 02-6443-8838
홈페이지 http://rhk.co.kr
등록 2004년 1월 15일 제 2-3726호

ISBN 978-89-255-6383-1 (13980)